中国茶文化

徐潜/主编

吉林文史出版社

图书在版编目（CIP）数据

中国茶文化 / 徐潜主编 . —长春：吉林文史出版社，2013. 3（2023. 7 重印）

ISBN 978-7-5472-1483-1

Ⅰ. ①中… Ⅱ. ①徐… Ⅲ. ①茶叶-文化-中国-通俗读物 Ⅳ. ①TS971-49

中国版本图书馆 CIP 数据核字（2013）第 062772 号

中国茶文化

ZHONGGUO CHA WENHUA

主　　编　徐　潜
副 主 编　张　克　崔博华
责任编辑　张雅婷
装帧设计　映象视觉
出版发行　吉林文史出版社有限责任公司
地　　址　长春市福祉大路 5788 号
印　　刷　三河市燕春印务有限公司
版　　次　2013 年 3 月第 1 版
印　　次　2023 年 7 月第 4 次印刷
开　　本　720mm×1000mm　1/16
印　　张　12
字　　数　250 千
书　　号　ISBN 978-7-5472-1483-1
定　　价　45. 00 元

序　言

民族的复兴离不开文化的繁荣,文化的繁荣离不开对既有文化传统的继承和普及。这套《中国文化知识文库》就是基于对中国文化传统的继承和普及而策划的。我们想通过这套图书把具有悠久历史和灿烂辉煌的中国文化展示出来，让具有初中以上文化水平的读者能够全面深入地了解中国的历史和文化，为我们今天振兴民族文化，创新当代文明树立自信心和责任感。

其实，中国文化与世界其他各民族的文化一样，都是一个庞大而复杂的“综合体”，是一种长期积淀的文明结晶。就像手心和手背一样，我们今天想要的和不想要的都交融在一起。我们想通过这套书，把那些文化中的闪光点凸现出来，为今天的社会主义精神文明建设提供有价值的营养。做好对传统文化的扬弃是每一个发展中的民族首先要正视的一个课题，我们希望这套文库能在这方面有所作为。

在这套以知识点为话题的图书中，我们力争做到图文并茂，介绍全面，语言通俗，雅俗共赏。让它可读、可赏、可藏、可赠。吉林文史出版社做书的准则是“使人崇高，使人聪明”，这也是我们做这套书所遵循的。做得不足之处，也请读者批评指正。

编　者

2012 年 12 月

目　录

中国十大名茶

茶在我国历史悠久，人们常说“早起开门七件事，柴米油盐酱醋茶”，就表明茶已经成为人们必不可少的饮品，上至帝王，下至村夫，无不饮茶品茗，茶是中国人地地道道的“国饮”。

我们根据茶的色、香、味、形选出好的茶叶，其中的名品在国际上享有很高的声誉。将西湖龙井、洞庭碧螺春、武夷岩茶、安溪铁观音等十种茶称为十大名茶。

一、西湖龙井

龙井新茶龙井泉，一家风味称烹煎。
寸芽出自烂石上，时节焙成谷雨前。
何必凤团夸御茗，聊因雀舌润心莲。
呼之欲出辨才在，笑我依然文字禅。

这首《坐龙井上烹茶偶成》是1726年（乾隆二十七年）乾隆皇帝第三次南巡杭州时踏访西湖龙井所作。乾隆皇帝喜爱饮茶，留下不少写茶的诗篇，他一生六次南巡到杭州，曾四次驾临西湖茶区观看采茶制茶，品尝西湖龙井，传说他在狮峰茶区巡游时还有一段佳话。乾隆帝曾到胡公庙中休息，庙中寺僧奉上当地名茶，乾隆帝喝了一口，觉得满口清香，回味甘甜，仔细观察，洁白的茶盏中片片嫩绿的茶芽像鹰爪，清汤碧液，美妙无比，便问："此茶何名，产于何处?"寺僧答道："此乃西湖龙井茶中珍品狮峰龙井，茶树就生长在小庙之外。"乾隆帝走出庙门，见坡上十八棵茶树郁郁葱葱，龙颜大悦，当场封这十八棵茶树为御茶，年年进贡。从此，西湖龙井更加声名远播，"龙井问茶"也成为西湖十景之一。

乾隆品西湖龙井，不仅因为龙井品质上乘，也是因为当时西湖龙井茶就已经小有名气了。西湖龙井的历史最早可以追溯到唐朝，当时著名的茶圣陆羽的《茶经》中就有杭州天竺、灵隐二寺产茶的记载，这是世界上第一部茶叶专著。北宋时期，西湖龙井茶区已初步形成规模，文豪苏东坡曾写下"白云峰下两旗新，腻绿长鲜谷雨春"之句赞美龙井茶，并亲手书写"老龙井"等匾额，至今

仍存于十八棵御茶园中狮峰山脚的悬岩上。到了南宋，杭州成了国都，茶叶生产也有了进一步的发展。元朝时，僧人居士看中龙井一带风光幽静，又有好泉好茶，常结伴来饮茶赏景，虞伯生就在《游龙井》中写道“徘徊龙井上，云气起晴画。澄公爱客至，取水挹幽窦。坐我檐莆中，余香不闻嗅，但见飘中清，翠影落碧岫。烹煮黄金芽，不取谷雨后。同来二三子，三咽不忍漱。”到了明代，龙井茶开始走进平常百姓家里。万历年间的《杭州府志》有“老龙井，其地产茶，为两山绝品”之说，加上明代黄一正及江南才子徐文长收录的全国名茶中，都有龙井，说明此时的龙井茶已被列入中国名茶之列了。

现在，西湖龙井已被列为国家外交礼品茶，居我国名茶之首。了解了西湖龙井的历史之后，我们来了解一下它的常识。

西湖龙井属绿茶类，产于浙江省杭州市西湖周围的群山之中。西湖湖畔气候温和，常年云雾缭绕，雨量充沛，加上土壤结构疏松，土质肥沃，茶树根深叶茂，常年翠绿，从春至秋，不断萌发茶芽，茶产量和质量都很高。西湖所产龙井茶色泽嫩绿或翠绿，鲜艳有光，香气清高鲜爽，滋味甘甜，形状扁平挺直，大小长短匀齐，以“色绿、香郁、味醇、形美”四绝著称于世。

西湖龙井因产于西湖边上的狮峰、龙井、云栖、虎跑一带，历史上曾分为“狮、龙、云、虎”四个品类，民国后，梅家坞龙井也位列其中，现在统称为西湖龙井茶。这五个品种中，人们多认为狮峰山所产的茶叶最佳。狮峰龙井颜色是翠绿和“糙米色”相间，而且绿、黄两色浑然天成，形状扁平似碗钉，香气高雅、持久。冲泡茶叶时杯子先扣几分钟，揭盖就会闻到兰花豆特有的香气，其中还有几丝蜂蜜的甜味儿，喝至三分之一续水时，香气更是浓烈扑鼻，再喝一半续水时，口感依然醇厚。由于茶的优良品质和乾隆帝留下的十八棵“御茶树”的美名，狮峰龙井一直被誉为龙井中的极品。排名第二的是龙井村所产的茶，龙井村位于西湖之西翁家山的西北麓，有一口龙井，是杭州四大名泉之一，龙井茶便得名于龙井。龙

井原名龙泓，是一个圆形的泉池，大旱不涸，古人认为它与海相通，其中有龙，故称龙井。离龙井五百米左右有个还龙井寺，俗称老龙井，创建于公元949年，现已辟为茶室。龙井所产茶叶也是上品。至于云栖和梅家坞一带的龙井，外形也都挺秀、扁平光滑，色泽翠绿，味道鲜爽，数茶中上品，但品质略逊于前两种。

关于虎跑，还有一则有趣的民间传说。据说很早以前虎跑的小寺院里住着大虎二虎两兄弟，负责给庙里挑水。有一年夏天大旱，久不降雨，吃水非常困难，兄弟俩就想起南岳衡山的“童子泉”，决定要去衡山把童子泉搬来。二人奔波到衡山脚下时就都昏倒了，醒来只见眼前站着一位手拿柳枝的小孩子，这是管“童子泉”的小仙人。小仙人听了他俩的诉说后用柳枝一指，水洒在他俩身上，兄弟二人立刻变成两只猛虎，小仙人跳上虎背，带着“童子泉”直奔杭州。第二天，杭州有两只猛虎从天而降，在寺院旁的竹园里刨了一个深坑，突然狂风大作，大雨倾盆，雨后，深坑里涌出一股清泉。大家方才明白是大虎和二虎给他们带来的泉水，为了纪念大虎和二虎给他们带来的泉水，他们给泉水起名叫“虎刨泉”，逐渐被人们叫成“虎跑泉”。虎跑泉居西湖诸泉之首，和龙井泉一起被称为“天下第三泉”，用虎跑泉泡龙井茶，色香味绝佳，“龙井茶叶虎跑水”被誉为西湖双绝。

除了产地，还可根据采摘的时节对西湖龙井分类。清明前三天采摘的称“明前茶”，明前茶最符合“色绿、香郁、味醇、形美”的标准，嫩芽刚长出来，像莲心一样，又叫“莲心茶”，叶片比较小，颜色呈草绿或者深绿，香气清新，泡出来的茶很香，茶汤清澈，是西湖龙井茶中的珍品，一斤干茶约需几万颗嫩芽方可炒制而成。清明后到谷雨前采摘的叫“雨前茶”，谷雨之前，茶柄上长出一片小叶，正是茶树“一叶一芽”的时候，形状似旗，茶芽稍长，形状似枪，俗称“一旗一枪”，故又称“旗枪茶”。雨前茶颜色较明前茶暗，茶汤略混，用

来制龙井茶也很香醇。不过，谷雨后采的茶就变差了，龙井的茶农有句谚语便与茶叶的幼嫩有关：“早采三天是个宝，迟采三天变成草”。谷雨后主要是立夏采茶，这时采摘的茶叫“雀舌”，再过一个月采摘的茶叫做“梗片”。

茶叶采摘后要放在平的竹扁里自然阴干，走掉三分之一的水分才开始炒制，这样可以散发茶叶的青草气，增进茶香，减少苦涩味，增加氨基酸含量，提高鲜爽度，还能使炒制的龙井茶外形光洁，色泽翠绿，不结团块，提高茶叶品质。过去，龙井都是人们用手炒制而成，手法很复杂，一般有抖、带、甩、挺、拓、扣、抓、压、磨、挤十种手法，炒制时根据鲜叶大小、老嫩程度和锅中茶坯的成型程度，不断变化手法，只有掌握了熟练技艺的人，才能炒出色、香、味、形俱佳的龙井茶。现在很多地方采用电锅，既清洁卫生，又容易控制火候和温度，保证茶叶质量。但是，要保持茶叶的颜色翠绿、香味醇高和外形美观，仍是手工炒制比较好，像极品西湖龙井不仅要全部手工炒制，而且每锅一次只能炒二两，一个熟练的炒茶能手，一天也只能炒出二斤多干茶。

高级龙井的炒制分三步：杀青、回潮和辉锅。杀青时锅温约 100℃，逐渐降至 50℃左右，把 100 克左右的阴干鲜叶放到锅里不停用手翻炒，开始时以抓、抖手式为主，散发一定的水分后，逐渐改用搭、压、抖、甩等手式进行初步造型，压力由轻而重，达到理直成条、压扁成型的目的，炒至七八成干时起锅，历时约十五分钟。起锅后进行回潮，把半成品放在竹器皿里盖上毛巾，让它还潮完全软化，这需要一个小时左右。摊凉后经过筛分，筛底、中筛、筛面茶分别进行辉锅，辉锅是为了是进一步整型和炒干，通常四锅青锅茶叶合为一锅辉炒，锅温 60℃—70℃，掌握低、高、低过程，手的压力逐步加重，主要采用抓、扣、磨、压、推等手法，需炒制二十五分钟左右，其要领是手不离茶，茶不离锅。当炒至茸毛脱落，

扁平光滑，茶香透出，折之即断，含水量达5—6%时，即可起锅。摊凉后再用簸箕簸去黄片，筛去茶末即成上等龙井茶。

茶叶制成，就要讲如何饮茶了。首先，茶叶不用倒太多，能覆盖住杯底就够。其次，泡龙井的水应为75—85℃，千万不要用100℃的沸水，因为龙井茶叶本身十分嫩，如果用太热的水去冲泡，会把茶叶烫坏，而且还会把苦涩的味道一并冲泡出来，影响口感。倒水时要高冲、低倒，因为高冲时可使热水冷却得更快。茶泡好，倒出茶汤后，如果不打算立即冲泡，就该把盖子打开，不要合上，茶冲泡的时间要随冲泡次数而增加。龙井不仅能给人味觉和嗅觉上的满足，更可给人视觉上的享受，喜爱品茗的人还可以观察龙井在水中婀娜多姿的形态美……

二、洞庭碧螺春

碧螺春是中国著名绿茶之一，因产于江苏省吴县太湖洞庭山之上，又名洞庭碧螺春。听到碧螺春三个字，很多人都会感觉，这真是个美丽的名字，其实，关于这个名字的由来，还有一则美丽的传说。

相传很久以前，在太湖洞庭西山（洞庭山有东西两山，东山是太湖边的半岛，西山则是湖中的岛屿）上住着一个叫碧螺的女子，她不仅美丽善良，还有一副圆润清亮的嗓子，附近的人都很喜欢听她唱歌，她的歌声常常飘到与西山隔水相望的东山上，东山上有一个正直勇敢的青年阿祥，他被碧螺优美的歌声所打动，渐渐对碧螺产生了爱慕之情。

有一年，太湖里出现了一条恶龙，它不仅在太湖上兴风作怪，还扬言要劫走碧螺作它的夫人，阿祥为保护百姓和碧螺的安全，勇敢地去找恶龙决战，他和恶龙连续大战七个昼夜，双方都身负重伤，百姓斩除恶龙后将阿祥救回了村里。为报答救命之恩，碧螺把阿祥抬到自己家里，亲自为他疗伤，但阿祥却因为伤势严重而一直处于昏迷状态。有一天，碧螺在阿祥与恶龙交战的地方发现了一株小茶树，为纪念阿祥大战恶龙的功绩，碧螺将这株茶树移植到洞庭山上精心呵护。清明过后，茶树不仅枝繁叶茂，还吐出了碧嫩的芽叶，碧螺就把它采摘回家泡给阿祥喝，没想到阿祥喝了茶后，顿时神清气爽。此后，碧螺便每天上山采茶给阿祥，阿祥的身体渐渐复原了，但是，善良的碧螺却因劳累过度，最终憔悴而死。为了纪念碧螺，人们便把这株神奇的茶树称为碧螺茶。

这就是传说中碧螺春的由来，此外，还有另一种说法是碧螺春本名并非如此，而是叫做“吓煞人香”茶。据史料记载，在洞庭东山碧螺春峰的石壁上，长着几株野茶树，每年的茶季，当地老百姓都会采摘这些茶叶自已饮用。有一

年，茶树长得特别茂盛，人们采摘时竹筐装不下，便只好把茶叶放在怀中，没想到茶被怀里的热气一熏，发出了奇特的香气，人们惊呼“吓煞人香”，该茶便由此得名。后来，清朝康熙皇帝南巡时游览太湖，当地巡抚献上精致的“吓煞人香”茶，康熙皇帝品尝后觉得色香味俱佳，只是名字不雅，便题名“碧螺春”，这就是碧螺春茶的由来。后人猜测，康熙取名“碧螺春”，不仅是因为该茶来源于碧螺春峰之上，更因为茶叶本身有颜色碧绿、形状似螺、春天采制的特点，美名配佳茶，此后，碧螺春便成为清廷贡茶，逐渐闻名于世了。

如今，在洞庭山上，到处可以看到碧螺春茶，不仅如此，茶树间还有很多果树，如枇杷、橘、梅、杨梅、银杏等，这些果树和茶树种在一起，根脉相连，不仅形成了绿荫如画的美景，还可以使茶树吸收果香，从而令碧螺春生出了一些独特的品质，正如当地人所描述的那样：“花香果味、鲜爽生津”。此外，洞庭山温和的气候、丰富的降雨量、湿润的空气和肥沃的土壤等优良的自然地理环境，对茶树的生长也极为有利，使碧螺春形成了芽多、嫩香、汤清、味醇的特点，成为茶中珍品。现在，洞庭碧螺春共分为七级，一至七级芽叶逐渐变大，茸毛逐渐减少，500 克一级的洞庭碧螺春，约有六万五千个茶芽，而二级碧螺春就只有五万五千个左右了。因此，最好的碧螺春都是精挑细选的嫩茶，其品质特点是芽叶柔嫩翠绿、披满茸毛，条形纤细卷曲、像螺一样，茶泡好后汤色碧绿鲜明，香气浓郁芬芳，滋味鲜醇甘厚，由此，碧螺春还得到了“一嫩三鲜”之称（指芽叶嫩，色、香、味鲜）。

当然，洞庭碧螺春的优良品质不只源于得天独厚的自然环境，更得益于精细的采摘和制作工艺。碧螺春的采摘有三大特点，一是摘得早，二是采得嫩，三是挑得净。首先，碧螺春茶的采摘从农历的春分开始，到谷雨结束，和其他茶叶一样，以清明前采摘的茶叶较为名贵，品质较为细嫩；其次，碧螺春的采

摘有一定的标准，通常采一芽一叶，越幼嫩越好，在历史上曾有 500 克干茶达到九万个茶芽的顶级碧螺春；再次，采摘下来的芽叶还要进行拣剔，摘除稍长的茎梗及较大的叶片。人们一般按照这个早采嫩摘、一芽一叶、细剔精选的原则，在清晨五点到九点采摘，在中午前后拣剔质量不好的芽叶，然后在下午至晚上炒茶。

目前，人们仍大多采用手工方法炒制碧螺春，其程序分为杀青、炒揉、搓团焙干三步，三道工序在一锅内一气呵成。首先是杀青，当地又成为“抖”，杀青有用平锅的也有用斜锅的，锅的温度约为 120℃，将 500 克左右的芽叶投入锅中，用抖闷结合的炒法，将茶捞净抖散。杀青的程度要求均匀充足，最后要使芽叶的青气消减、发出茶香，一般从杀青到焙干大约需要四十分钟。其次是炒揉，当地又称为“勘”，此时的锅温约为 50—60℃，用炒、揉、抖的手法交替进行按茶加压，使芽叶沿锅壁进行公转与自转，当看见茶汁被揉出附于锅面、叶卷成条且不粘手时，就要降低锅温进行搓团焙干了，这一过程约历时五至七分钟。需要注意的是，在炒揉的过程中压力应该较轻，时间也不宜过长，如果压力重或炒时长的话，就会擦脱茸毛，产生断碎，不符合外形的要求了。最后一步是搓团焙干，此时的锅温约为 40℃，这个步骤是使芽叶条形卷曲，并搓显茸毛和完成干燥的过程，要一边炒一边搓团。搓团，就是将锅中的茶条捞起一部分握于手心中，用两手搓转成茶团后再放到锅中焙烤，这样依次把茶全部搓完，再重复搓，直到芽叶形成条形卷曲状。等炒搓到约八成干时，搓团的力气可稍稍加重，以使茸毛显出。茸毛显出以后，再轻搓轻炒使茶干燥，当茶的干燥程度达到九成以上时，炒制就完成了，炒成茶叶理想的含水量是 8 ~ 9%左右。

优异的自然条件和精细的采制加工，促成了碧螺春“形美、色艳、香浓、味醇”四绝，这其中，第一绝就是“形美”，因此，我们品碧螺春时，不妨在饮

用前观看一下它的造型美。首先，将茶叶放入透明的玻璃杯中，然后用少量80℃的开水浸润茶叶，等茶叶舒展开后，再把杯斟满，这时，就会看到杯中犹如雪片纷飞，真是“白云翻滚，雪花飞舞”，碧螺春卷曲成螺、满身披毫、银白隐翠的景象让人赏心悦目。过一会儿，热水溶解了茶中的营养物质，碧螺春就会变成绿色沉入杯底，又形成另一番春满大地的景象，此时，清香袭人，啜一口碧螺春，就会感到茶汤浓郁，满口生津，可以慢慢体味碧螺春的浓香淳味了。

古诗有“洞庭碧螺春，茶香百里醉”，如今，碧螺春的茶香已经飘到世界各地，应该是“洞庭碧螺春，香飘满世界”了。

三、武夷岩茶

武夷岩茶属六大茶类（红茶、绿茶、青茶、白茶、黑茶、黄茶）之中的青茶（俗称乌龙茶）类，是青茶中的极品，产于福建省崇安县南的武夷山。武夷山多是由红色砂岩形成的石峰、岩壁，茶农利用岩石的缝隙，沿边砌筑石岸种茶，在山坑岩壑之间便产生了片片“盆栽式”茶园，武夷山也有了“岩岩有茶，非岩不茶”之说，武夷岩茶由此得名。另外，武夷山地处中亚热带，四季温暖，雨量充沛，山间云雾弥漫，空气湿润，良好的气候使茶树生长十分茂盛，产生了品质上乘的武夷岩茶。

武夷岩茶具有悠久的历史。早在南北朝时期，武夷岩茶在社会上就已经初具知名度。到唐朝时，武夷岩茶已经被民间作为馈赠佳品，有诗为证：“武夷春暖月初圆，采摘新芽献地仙。”等到宋朝时，武夷岩茶的清香甘味逐渐受到社会上层人士的青睐，一些官员还把武夷岩茶作为珍品奉上取宠，武夷岩茶逐渐被列为贡品。元代以后，武夷岩茶开始远销海外。到明清时期，终于成为世界名品。当时的外国人甚至把武夷岩茶的名字当成中国茶叶的总称，可见其普及范围十分广泛。

经过上千年的历史发展和人们的精心培育，武夷岩茶的品种逐渐增多，如今，武夷山已经获得了茶树品种王国的美誉，各种各样的武夷岩茶让人目不暇接。为了保护名品，国家颁布了武夷岩茶的分类标准，将诸多武夷岩茶划分为肉桂、水仙、名丛、大红袍、奇种五个系列。其中，肉桂和水仙都是武夷岩茶的当家品种；名丛是指品质优异、具有特殊风格的单株茶树；大红袍是武夷名丛之首，单列为一个品种；奇种是由当地的菜茶品种采制而成。下面我们分别

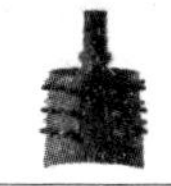

介绍一下武夷岩茶的这五个种类。

肉桂又称玉桂，是用武夷岩茶的制作方法制成的肉桂茶叶，因为它的香气和滋味像桂皮香，所以被称为“肉桂”。肉桂早在清代就产生了，由于其品质独特，逐渐被人们认可，种植面积逐渐扩大，今天，肉桂已经成为武夷岩茶的主要品种了。肉桂茶树属于无性系的大型灌木，其成品茶的特征是外形卷曲，色泽褐绿且油润有光泽，香气浓郁带桂皮香，茶汤橙黄清澈，滋味醇厚回甘，绿色红镶边，冲泡多次后仍有肉桂香。

和肉桂一样，水仙茶也是武夷岩茶的主要品种。在武夷岩茶的诸多品种中，水仙茶是历史比较悠久且种植面积最大的品种，它的茶树属于无性系、小乔木型，叶大且厚，成品茶条索壮实、色泽乌绿油润，冲泡后香气浓郁，具有兰花的清香，汤色浓艳呈深橙黄色或金黄色，滋味醇厚回甘，叶底黄亮，叶缘有明显的朱砂红边或红点，十分耐冲泡。

再来看名丛。名丛不是茶树的一个品种，而是指单株茶树，它们由于品质优异，被单独选出来进行培育。绝大多数的名丛都是灌木型茶树，茶叶大小中等，成品茶外形紧实匀整，色泽青褐油润，具有天然的幽长花香，汤色橙黄明亮，滋味醇厚甘爽。名丛的品质十分优越，其中大红袍、铁罗汉、白鸡冠、水金龟、半天妖、白牡丹、金桂、金锁匙、北斗、白瑞香被人们称为十大名丛。在十大名丛中，排名前四位的大红袍、铁罗汉、白鸡冠和水金龟被公认为是武夷岩茶中品质最卓越的四大名丛，其中，大红袍已被单独列为武夷岩茶的一个品种；铁罗汉是武夷岩茶中最早的名丛，产于慧苑岩内的鬼洞和竹窠岩的长窠，茶树未经开花，茶汤却带有浓郁的鲜花香，品质十分独特；白鸡冠生长在慧苑岩外鬼洞和武夷山公祠后山，茶叶颜色淡绿鲜亮，叶面开展，春稍顶芽微弯，茸毫显露就像鸡冠，因此得名“白鸡冠”；水金

龟产于牛栏坑社葛寨峰下的半崖上，因茶叶浓密且闪光，模样宛如金色之龟，又因传说中清末年间，此树曾引起诉讼，费金数千，被人们奉为宝树，故名“水金龟”。

四大名丛中排名第一的大红袍，在武夷岩茶中声誉最高，是乌龙茶中的极品。大红袍茶树生长于武夷山天心岩九龙窠的高岩峭壁之上，岩壁上至今还保留着天心寺和尚的“大红袍”石刻，关于这个名字的由来，还有一则美丽的传说。古时候有个秀才进京赶考，路过武夷山时病倒在路上，天心庙的老方丈看见后泡了一碗茶给他喝，秀才的病就好了。后来，秀才金榜题名中了状元，被招为驸马，便在一个春日里来到武夷山谢恩，老方丈带他来到九龙窠的三棵茶树下，告诉他就是这种树的茶叶泡的茶治好了他的病，并说此茶可以治百病，状元听了，便采制了一盒茶叶准备进献给皇上。状元带茶回京后，正遇上皇后肚子胀痛、卧床不起，他立即献茶让皇后服下，竟然茶到病除，皇上大喜，将一件大红袍交给状元，让他代表自已去武夷山封赏。状元到达武夷山，便将皇上赐的大红袍披在茶树上以示皇恩，没想到大红袍一掀开，三株茶树都在阳光下闪出红光，人们认为茶树被大红袍染红了，就把这三株茶树叫做“大红袍”。

大红袍品质十分独特，它的芽头微微发红，阳光照射茶树和岩壁时反射红光，十分醒目。现在，大红袍仅存六株，十分名贵，已经作为重要的文化遗产被政府重点保护。与其他名丛相比，大红袍冲到第九次仍不脱离原来的桂花香味，而其他名丛经七次冲泡味就已经很淡了，可见大红袍品质的卓越。

除上述四种茶外，由武夷山的菜茶品种采制而成的茶被称为奇种。奇种多为野茶，其特征为外形紧结匀整，色泽油润，呈铁青色且略带微褐色，奇种有天然花香而不强烈，滋味醇厚甘爽，汤色橙黄清明，叶底欠匀净，最大的特点是与其它茶适量拼配时能提高味感却不夺其味，比较耐久储。和其他四个品种相比，奇种的品质略差。

武夷岩茶品种虽多，也有其共同点，它们都以香高持久、味浓醇爽、饮后留香、绿叶镶红边、汤色晶莹黄亮而享有盛誉，不仅如此，武夷岩茶的采摘和制作也都有其独特之处。首先，武夷岩茶的采摘重在春夏两季，一般不采秋茶，其中，春茶的产量约占全年产量的80%，质量也最好，夏茶产量约占10%，质量次之，再次是秋茶。春茶的采期约为二十天，多在立夏前采摘；夏茶的采摘在芒种前的两三天；秋茶则在处暑节前后采摘。采茶时，要根据茶树的品种、生长特点和制茶要求采用不同的采摘时间和方法，另外，采摘武夷岩茶要等朝雾初散、阳光照射时开采，到傍晚前采完。和绿茶不同的是，武夷岩茶要等新梢长到顶芽开展后才开始采（俗称“开面采”），最好是顶芽全展后再采摘（俗称“大开面”），如果采摘过早，茶叶不够成熟，成品就会香低味薄；如果采摘过迟，茶叶变老，品质也会变低。所以，采摘武夷岩茶要看茶树新梢的生长情况，掌握好时间采摘。

其次，武夷岩茶属青茶，它的制法兼收并蓄红绿茶制作工艺的精华，独具风格。武夷岩茶的制作，要经过晒青、摇青、凉青、杀青、揉捻、初焙、焙干等工序。首先是晒青，晒青就是把茶叶放在阳光下晾晒，要在下午傍晚日落前进行，目的是使叶片失水分，凋萎变软，失去青气。其次是摇青，所谓摇青，就是把经过晒青的茶叶放在竹筛里回旋摇动，使叶片的边缘相互碰撞并与筛底磨擦而稍稍损伤，促使叶缘发酵变红，这样，叶片中没有受到损伤的部分仍保持绿色，茶叶就形成了“绿叶红镶边”的效果。摇青之后，把茶叶摊凉在阴凉通风的地方，叫做凉青。摇青和凉青要反复进行，等到茶叶叶脉透明、叶面黄亮、叶边形成银朱色且有兰花香气，就可以进行杀青了。高温锅炒杀青可以制止茶叶继续发酵，使它的色、香、味稳定下来。杀青之后就是揉捻，让茶叶条索松散，成条状。然后是初焙，此时茶香尚低，复烘焙干后，茶香才会变得浓烈。烘焙虽是最后一

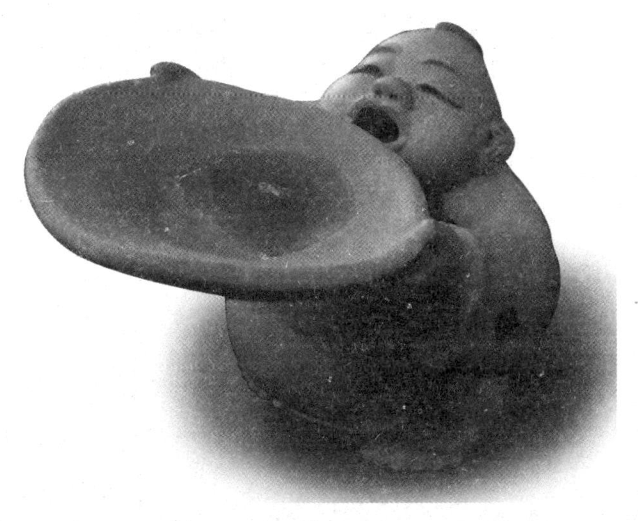

步，却也是青茶制作工艺中最讲究的一步，文火慢焙才是发扬青茶香气的精湛工艺，茶叶要在低温下烘焙长达六至八个小时，温度一定要掌握好，过低不能烘出茶的香气，过高又会带火味。上等青茶的含水量要求达到3%左右，远低于绿茶的8%，制成后干燥易于保存，具有持久的香气。

当然，这么复杂的工艺制成的武夷岩茶，冲泡时味道也别具一格。前文提到过，一般的武夷名丛经过七次冲泡仍有余香，而品质至极的大红袍冲泡九次后仍然芳香四溢，可见武夷岩茶胜似兰花而深沉持久的香气不是浪得虚名。另外，武夷岩茶以活、甘、清、香的特点久享盛誉，品茶时可根据这些特点判断武夷岩茶质量的高低。范仲淹用这样的诗句赞美武夷岩茶："黄金碾畔绿尘飞，紫玉瓯心雪涛起。斗茶味兮轻醍醐，斗茶香兮薄兰芷。"能品得这色如黄金、香如兰芷的武夷岩茶，也算得人间一大美事了。

四、安溪铁观音

安溪铁观音是我国著名青茶之一，产于福建省安溪县。安溪境内多山，气候温暖，雨量充沛，茶树生长分外旺盛，产生了很多优良的茶树品种如铁观音、乌龙、水仙、奇兰、毛蟹、黄校、梅占等，但尤以铁观音的品质最为优异。铁观音既是茶叶名称，也是茶树名称。这种茶树起源于清雍正年间，不仅天性娇弱，而且产量不高，但是，所产茶叶却香高味醇，是茶叶中的佼佼者，因此，铁观音茶树还得了“好喝不好栽”之名，铁观音茶也因此而更加名贵。如今，安溪铁观音已经驰名中外，尤其受到东南亚一带消费者的赞赏。那么，“铁观音”这个惟妙惟肖的名字由何而来呢?

相传清朝时，安溪松岩村有个老茶农魏荫，他在一天夜里梦见自己来到一条小溪旁，突然在石缝中发现一株枝繁叶茂、芳香特异的茶树。第二天醒来，他便顺着梦中的道路寻找，果然找到了那株茶树。只见树上的茶叶叶肉肥厚，青翠欲滴、嫩芽紫红，魏荫十分高兴，便把这株茶树移植回自己的家中精心培育。后来，这株茶树所产茶叶被尧阳人王仕让进献给礼部侍郎方苞，方苞见这茶叶芳香非凡，便转而进献给乾隆皇帝。乾隆饮后对此茶大加赞赏，他见此茶味香形美、乌润结实、沉重似铁、美如观音，便赐名“铁观音”。

由此可见，“铁观音”这个名字，和它的品质特征有很大关系。从外形上看，安溪铁观音茶条卷曲，肥壮紧结，质重如铁，色泽沙绿，整体形状像蜻蜓头。从内质来看，安溪铁观音具有独特的兰花香或花生香，香气浓郁持久，人们称它带有“观音韵”，冲泡七次后仍有余香。冲泡以后，安溪铁观音的汤色金黄好似

琥珀，叶底肥厚柔软，艳亮均匀，青心红镶边，煞是好看。综合来看，安溪铁观音最大的特征是干茶沉重、颜色墨绿而冲泡后叶底肥厚软亮。根据以上的特点，我们便可以通过茶的色、香、味鉴别出安溪铁观音了。

安溪铁观音一年可以采春茶、夏茶、暑茶、秋茶四期茶，春茶的采期在立夏前后，夏茶的采期在夏至后，暑茶的采期在大暑后，秋茶的采期在白露之前。在四期茶中，春茶具有香高、味厚、耐泡的特点，质量最好，产量也最高，约占全年总产量的一半左右；夏茶的产量次之，约占全年产量的四分之一，但夏茶的叶薄，香味较低且带涩味；再次是暑茶，产量约占全年的 15%，品质较夏茶好些；产量最低的是秋茶，仅占全年的 10%，虽然产量低，秋茶却香气高锐，有“秋香茶”之名，尽管不及春茶香浓耐泡，在秋季里也算得上是茶中的佼佼者了。

除了时节外，天气对安溪铁观音茶的采制也有很大影响，通常是晴天有北风时所采制的茶叶品质最好，而阴天或朝雾未散叶面带露时采制的茶叶品质较差，雨天采制的茶叶品质就更低了。这是因为，乌龙茶的制作首先要经过晒青这道程序，根据茶农的经验，如果在晴有北风的凉爽天气里晒青，“叶中行水均匀，能去苦水”，制出的茶叶香高味浓。如果在气温高的南风天气里晒青，叶子就会失水过快，容易泛红，制成的茶叶香低味薄，如果在雨天制茶，茶中还会有“水竹管味”，不仅香低味淡，汤色也暗，品质更低。所以，茶农一般都会选择晴且有北风的天气，在上午十点到下午三点前采茶，然后再开始制作。另外，茶农采茶时也有一定的采摘标准，一般要等顶芽开展(俗称“大开面”)、新梢长到四五叶时才开始采摘，采摘时，新梢长到五叶的要采三叶留二叶，长到三叶的要采二叶留一叶。

安溪铁观音的制作分为晒青、摇青、凉青、杀青、初揉、初烘、包揉、复烘、烘干九道工序。首先是晒青，一般在下午日落前进行，将叶片摊置在架上轻晒，以叶稍萎软、叶色转暗、拿起新梢叶片下垂弯转为晒青适度。晒青后，

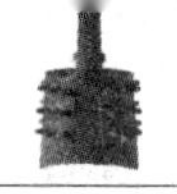

将茶叶转移到室内，用手轻轻翻动，把茶叶摊成凹形，使叶片透气，防止茶叶变红（即俗称的“死青”）。然后是摇青凉青，这个过程是促使茶叶发酵，达到“绿叶红镶边”品质的关键。需要注意的是，在摇青的过程中，必须保持室温较低、湿度较高的环境。春季要防止室温下降，夏季要防止热气侵入，因而，门窗要紧闭。另外，与一般乌龙茶相比，铁观音的叶质较厚，因而摇青的转数也要多于一般乌龙茶。摇青时，要掌握“先慢后快、先轻后重、春茶多摇、夏茶少摇、看青做青”的原则，两人各持竹筛的一边前后往复摇动，使叶子在筛中均匀地受到摩擦，每次摇青后，把茶叶转入竹盘里，放置架上凉青。凉青时，要用布覆盖叶子以减少水分蒸发。摇青凉青要反复进行，遍数视当天天气、叶的氧化进展程度而定，不能机械地规定摇青投叶量、次数、转数、凉青时间等数字，“看茶制茶，因叶因时制宜”才是上策。

然后是杀青，这一工序的作用是制止叶的氧化作用。由于铁观音叶质较厚，杀青时必须加焖炒操作，以使叶片变软，利于揉条紧结，等焖炒至叶软、色深、青气消失、清香透露，茶叶大约减轻四成的重量时，就可以进行初揉了。初揉要揉出茶汁，使茶叶形成条索，约揉十二分钟。然后是初烘，这一步的目的既是防止揉后的氧化作用，也是为了蒸发去部分水分，收缩条索，为后面的包揉打好基础，初烘要在100℃的温度下烘二十至三十分钟，以茶不粘手为适度。下一步是包揉，将茶装入布袋揉成团块，然后扎紧袋口，加重压揉捻，十至十五分钟后解开散热进行复烘，然后再进行第二次包揉，这次除加重压揉捻外，还要逐渐收缩布袋，使茶卷更紧实，六至八分钟后再扎紧揉袋，使茶在袋中定型二十分钟，出袋后再复烘，达到七成干开始“文火慢焙”，在约70℃的温度下烘两至三个小时，掌握好烘温和程度，才能制出香高味爽的好茶。

安溪铁观音不仅制作工艺精细，冲饮方法也别具一格。内行人喜欢用小巧精致的茶具和山岩间的泉水泡茶，首先用沸水洗净茶具，然后在壶

中装入大约占壶一半容量的茶叶，冲以沸水，然后用壶盖刮去浮上来的泡沫，此时即有一股兰花香扑鼻而来。盖好壶盖后一两分钟，将茶汤倒入小盅内，就可以品尝味美回甘的安溪铁观音了。制好的安溪铁观音不仅香高味醇，具有一般茶叶的保健功能，还有清热降火、清咽醒酒、抗癌、抗动脉硬化、防治糖尿病、防治龋齿等医疗功效，真不愧为乌龙茶中的珍品。

五、屯溪绿茶

屯溪绿茶，简称屯绿，是我国极品绿茶之一，有“绿色黄金”的美誉。屯溪绿茶产于安徽省黄山脚下的休宁、歙县、黟县、宁国、绩溪和祁门等地，是皖南地区数县绿茶的统称，因历史上曾在屯溪茶市总经销，故名“屯溪绿茶”。屯溪绿茶外形纤细美观，颜色绿灰带有光泽，形状略弯恰似老人的眉毛，因此又称眉茶。

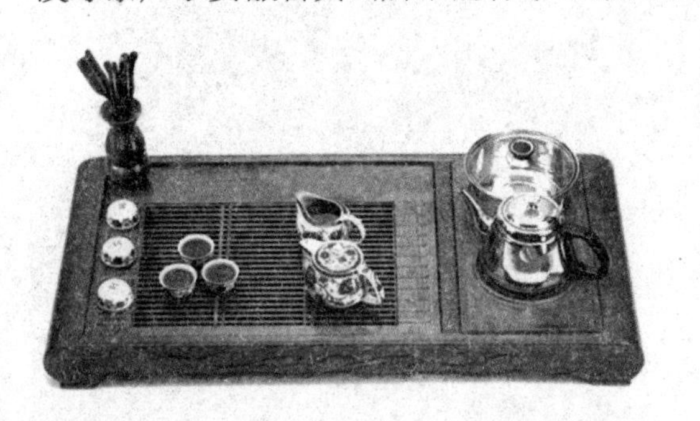

屯绿的香气清高持久，味道浓厚醇和，是历史名茶，约产于盛唐时期，距今已有一千余年的历史了。在明朝万历年间，皖南一带就有数家茶号制作绿茶外销，屯绿开始在国际市场崭露头角，但当时还没有固定的名称。等到清光绪年间，屯溪已经茶号林立，皖南地区及附近的浙赣等地出产的炒青绿茶，大部分都集中在屯溪外销，民间还流传着“未见屯溪面，十里闻茶香，踏进茶号门，神怡忘故乡”的民谣，屯溪逐渐得到了“茶城”的美誉，“屯溪绿茶”也逐渐誉满国内并销往欧洲和美国了。清末民初年间，屯溪地区有一百多家茶商经营绿茶，民间有“屯溪船上客，前渡去装茶”之说，屯绿的外销达到了鼎盛时期。1949 年建国以后，我国重视屯绿的产销，屯绿开始销往俄罗斯、沙特阿拉伯、加拿大及东南亚等八十多个国家和地区，得到世界人民的认可。

屯溪绿茶之所以得到众人的认可，是源于它优异的品质。从外形来看，屯绿条索纤细匀整，稍弯如眉，色泽绿润起霜，芽峰明显；从内质来看，屯绿香气清高馥郁，蕴涵着花香或熟板栗香，汤色嫩黄清明，滋味浓厚甘醇。良好的品质造就了屯绿“叶绿、汤清、香醇、味厚”的美誉。那么，屯溪绿茶的优异品质是如何造就的呢？

首先是优越的自然环境。屯溪绿茶产于黄山周边地区，不仅具有气候温暖、雨水充足、土质松疏等一般茶区都具备的条件，还有山高谷深、云雾弥漫，溪

涧遍布、林木茂盛等特点，绵延百里的崇山峻岭和纵横交错的溪流泉水，构成了屯绿茶区“晴时早晚遍地雾，阴雨成天满山云”的环境。在这种湿润荫蔽的自然条件下，茶树天天都处在云雾的滋润之中，受不到寒风烈日的侵蚀，茶叶长得十分肥厚，制成的茶叶也就经久耐泡。此外，屯绿的茶区内遍生鲜花，采茶时节正值花开，四野芳香，茶叶受到花香的熏染，也变得特别地清香。值得注意的是，在诸多茶区中有一种洲地茶园，经河流长期冲积，淤泥淀积，土层十分肥沃深厚，不仅透水性好，还富含有机质，茶树长势更是茂盛，产出了很多屯绿中的珍品，如祁门四大名家和休宁四大名家等。可以说，是大自然的鬼斧神工造就了屯溪绿茶的优异品质。

其次，屯绿的优异品质还来源于精细的采制工艺。屯溪绿茶的采摘十分精细，鲜叶原料多为一芽二叶或三叶嫩梢，这是成品茶鲜嫩可口的前提。精采后离不开巧制，屯绿的制作工序更是精湛。绿茶的制作方法分为炒青、烘青两种，炒青是将鲜叶揉捻以后，放到茶锅里炒制成茶，用这种方法制成的绿茶芳香浓郁，茶汁浓厚，汤色碧绿清新。和炒青不同的是，烘青要揉捻后的鲜叶放在烘笼里烘制成茶，用这种方法制成的绿茶茶叶醇和，颜色深厚，汤色明净。前文介绍的西湖龙井和洞庭碧螺春都属炒青类，屯绿可分为炒青和烘青两种，多数为炒青。

和细嫩的西湖龙井、洞庭碧螺春不同，高级屯绿的制作流程可分三十七道工序，有几百种变化，须经十四天方可制成。制作屯溪绿茶要做到现采现制，一般是上午采茶，下午就开始制茶。制茶时，首先是鲜叶杀青，掌握“高温匀杀、先高后低、透闷结合、多透少闷”和“嫩叶老杀、老叶嫩杀”的原则；杀青后就是揉捻，对于嫩叶，要做到“轻压短揉”，而老叶则要“重压长揉”；揉捻后还有二青、三青的步骤，要掌握“分次、中间摊晾”的原则和“炒二青高温快炒，辉锅低温高炒”的技术。此时制成的还仅仅是毛茶，要制作精制屯绿，还要对毛茶进行分筛、抖筛、撩筛、风

选、紧门、拣剔等工序，等初步分离出长、园、筋、片等形态的茶叶后，再分别进行加工。

制好的屯溪绿茶有珍眉、贡熙、特针、雨茶、秀眉、绿片等六个品种。珍眉是眉茶中的上品，条索紧结有锋苗，色泽绿润起霜，香味浓醇，汤色明净，叶底均匀，呈嫩黄绿色；贡熙是炒青制成的圆形茶，外形颗粒近似珠茶（也称圆茶，因外形得名，主产于浙江地区），圆叶底柔嫩；特针的外形尖锐纤细，是由断芽、嫩梗及少部分细小坚实的片粒混合而成的；雨茶形状细长，卷曲的较多；秀眉是从碎片、细末中提取得有筋骨的茶叶；绿片，顾名思义，是片状的屯溪绿茶。各种各样的屯溪绿茶分为六个花色十八个等级，此外，还可窨制茉莉、珠兰、玉兰、玳玳、桂花、玫瑰等花茶。

制好的屯溪绿茶富含维生素 C 和氨基酸，有鲜爽、清香、色泽翠绿的特点，要想品饮出这些特点，冲泡时就要控制好水温、茶与水比例、浸泡时间等因素。首先，选择透明的玻璃杯，这样可以直观地欣赏到茶汤的清澈翠绿。冲泡时，先在杯中倒入少量 85—90℃的开水，等茶叶吸水舒张后再倒入开水，将茶与水的比例控制在 1∶50 左右，这样最能展现茶汤的品质，因为如果水太多，茶汤就会淡，反之则会苦涩。茶泡好后，为避免茶叶在水中浸泡时间过长，失去香味，可在第二、第三泡时将茶汤倒入大杯中，品茶时再将茶汤低斟入自己的茶杯中。

品屯溪绿茶，可按照闻香、观色、啜饮的步骤进行，徐徐咽下一小口屯溪绿茶，真是满口回甘，幽香绵长。

六、祁门红茶

祁门红茶，简称祁红，是红茶中的精品，产于安徽省西南部黄山支脉区的祁门县以及毗连的石埭、东至、黟县、贵池县一带。上一章已经介绍过，黄山附近茶区自然条件优越，十分适宜茶树的生长，祁门茶区的土质更是肥沃，不仅富含有机质，通气、透水性也好，产出了像祁门四大名家这样的屯绿精品。其实，祁门县只有凫溪河流域出产屯绿精品，大多数地区则盛产红茶。这是因为，祁门茶区的土壤主要是由千枚岩、紫色页岩风化而成的黄土和红黄土，当地的茶树生长在肥沃的红黄土壤中，不仅芽叶柔嫩，还内含丰富的水溶性物质。

祁门自然条件优越，产茶历史悠久，从唐代便开始出产绿茶，但出产红茶却始于近代，关于祁红的产生，有两种说法。一种是清光绪年间，黟县人余干臣由福建罢官回原籍经商，他在至德县尧渡街设立红茶庄，仿效闽红茶制法试制红茶，制出的红茶品质出众，产地不断扩大，产量也不断提高，在他的带动下，附近茶农纷纷改制红茶，祁红产区逐渐形成；另一种说法是，祁门南乡贵溪人胡元龙十分重视农业生产，他自己创立日顺茶厂垦山种茶，于清光绪元年请来宁州师傅舒基立，按照宁红的制法，用自产茶叶试制红茶，经过不断改进提高，终于在八年后制成色、香、味、形俱佳的上等红茶，胡元龙本人也作为祁红的创始人被后人尊称为“祁红鼻祖”。

虽然只有百余年历史，发展到今天，祁门红茶的品质也已经十分优异了。从外形上看，祁红条索紧细秀长，乌绿而带有光泽；从内质来看，祁红冲泡后汤色红艳明亮，具有清鲜持久的“砂糖香”或“苹果香”。上品祁红还蕴含有兰花的香味，被人们称为“祁门香”。更为独特的是，祁红的口感鲜醇酣厚，与牛奶或糖调饮后香味不但不减，反而更加馥郁。祁门红茶以优异的品质成为祁门的后起之秀，与印度的大吉岭红茶和斯里兰卡的乌伐

红茶齐名，被誉作“世界三大高香名茶”。不仅如此，祁红还作为国家优质产品被送往巴拿马博览会展出，获得金质奖章，得到世界人民的认可。如今，祁门红茶已经盛销于国际茶叶市场，在加拿大、荷兰、德国、日本等几十个国家和地区都很受欢迎，尤其在英国，全国上下都以能品尝到祁红为口福，皇家贵族也以祁红作为时尚的饮品，赞美祁红为“群最芳”。

祁门红茶的采摘季节在春夏两季，所用的茶树是全国茶叶品种审定委员会议定的国家良种——“祁门种”，此茶树为灌木型，茶叶叶质柔软、大小中等，形状椭圆，颜色碧绿而有光泽，叶面微微隆起。茶农按照分批、及时、多次的采摘标准，采摘鲜嫩茶芽的一芽二三叶，然后经过萎凋、揉捻、发酵等多道工序，使芽叶由绿色变成深褐色，文火烘焙后制作出红毛茶。萎凋是红毛茶制作过程中的第一步，也是十分重要的一步。现在，萎凋有室内自然萎凋、萎凋槽萎凋、萎凋机萎凋三种方式。由于祁门地区阴雨天较多，湿度较大，人们一般采用萎凋槽萎凋，这样可以缩短萎凋时间，提高萎凋效率。在萎凋的过程中，需要每隔一小时翻一次叶，等四至五个小时后，叶茎变软、叶色暗绿、叶的含水量为60%左右时，便可以开始揉捻了。揉捻的过程和其他绿茶相似，这里就不再赘述了。

与绿茶相比，红茶的制作工序最重要的是多了发酵的过程。发酵俗称“发汗”，是指将揉捻后的茶叶按一定厚度摊放于特定的发酵盒中，茶坯中的化学成分在有氧情况下继续氧化变色的过程。揉捻叶经过发酵，才会形成红茶红叶红汤的品质特点。祁红发酵时的适宜温度为24—28℃，相对湿度应在95%以上，春茶的发酵时间须三至五个小时，夏秋茶约为两至三个小时。发酵后，祁红会发出像熟苹果一样的香气，叶片的青气会消失，叶色大部呈鲜明的铜红色(春茶略偏黄，夏秋茶略偏紫)。红毛茶制作的最后一步是烘干，以毛茶含水量达到

7—9%为干燥适度，烘后摊凉。

红毛茶制成后，还须进行精制，才能制成合格的祁门红茶。祁门红茶以条形完整细紧、有尖锋、净度良好而闻名，精制时须对长短、粗细、弯直不一的毛茶加以筛分整形，再对筛分后的茶一一鉴评，把形质相近的茶拼在一起组成一个级别的商品茶，达到外形匀齐美观的效果。在毛茶的揉捻过程中，不可避免地有断碎条、未紧条、弯曲条，精制时就要仔细地将它们区分出来，精细地筛分出茶的型号，还要有技巧地把茶拼出均匀整齐的外形。祁门红茶的精制需要十分精细的工作，要花费很多工夫，因此，人们又将祁门红茶称为祁门“工夫”红茶。祁门工夫红茶的基本制作流程就是上述过程，在具体操作时，还须根据茶的形质差异，灵活掌握“看茶制茶”的基本原则。

很多人品饮祁门红茶时喜欢清饮，所谓清饮就是只用水冲泡茶叶，不添加糖或奶等其它物质，一般的茶叶都是清饮为妙。但是，祁门红茶即使添加鲜奶或糖调饮，亦不失其清香，味道反而更加醇厚。人们一般喜欢在下午茶时间或睡前品饮祁门红茶，关于祁红的冲泡，也要注意一些事项。首先，冲泡祁门工夫红茶，一般要选用紫砂茶具或白瓷茶具；其次，冲泡茶叶的水温要比鲜嫩的绿茶高一些，一般在90—95℃左右；再次，茶与水的比例应为1：50左右，好的祁红可以冲泡两三次。饮茶时，先刮去壶中的泡沫，再将茶水倒入杯中，品祁门红茶要细品它的高香，每天喝上两三杯，对身体十分有益。

七、信阳毛尖

信阳毛尖是我国著名绿茶之一，产于河南信阳的大别山区，因外表多显白毫，芽峰明显，且产于河南境内，又被人们称为“豫毛峰”。信阳毛尖是河南省著名的土特产，素来以原料细嫩、制工精巧、形状秀美、香高味长而闻名。关于信阳毛尖的来历，民间流传着一则美丽的传说。

相传唐朝时期，河南有座山叫做鸡公山，鸡公山上有个鸡公护山，各种害虫都不敢作乱，山上草木旺盛，鸟语花香，简直是人间仙境。天上的仙女们听说鸡公山的景色胜过仙界的百花园，都想一饱眼福，便请求王母娘娘让她们去鸡公山看看，王母娘娘答应了仙女们的请求，让她们以三天为期限轮番下凡，这第一批下凡的，便是管理仙茶园的九个仙女。天上一日，人间一年，九个仙女在鸡公山待了一年后，看遍了四时的山川美景、名花异草，可是离回去的时限还有二年呢，她们就商量要为鸡公山办件好事，化作画眉鸟把天上的仙茶带到人间来。于是，她们托梦给鸡公山脚下一个叫吴大贵的读书人，告诉他说：“鸡公山水足土肥，气候适宜种茶，明天开始，会有九只画眉鸟从仙茶园里给你衔来茶籽，你在门口的一棵大竹子上系个篮子，把茶籽收下，开春种到山坡上，到采茶炒茶的时候，我们来给你帮忙。”吴大贵第二天醒来后，半信半疑地照做了，没想到真的有画眉鸟衔来茶籽，九只画眉衔了三天三夜，共衔来九千九百九十九颗茶籽。第二年开春，吴大贵便把茶籽全种到山上，清明过后，茶籽发芽，长成了一片茶林。这时候，

九个漂亮的仙女便来到茶林帮吴大贵采茶炒茶，一直忙到谷雨，仙女们才走。

茶叶制好了，吴大贵自己沏上一杯新茶品尝，竟然满口清香，浑身舒畅，一传十、十传百，这件事很快被知府听说了，知府马上派人来要茶。知府尝过茶叶后，拍案叫绝，当即把这茶叶定为贡品，献给唐玄宗。唐玄宗和杨贵妃喝了茶叶以后大加赞赏，不仅下旨要在鸡公山上修一座千佛塔，还赏赐吴大贵黄金千两，让他用心护理茶林。吴大贵一下子发了财，早把读书的事忘到脑后，他又是买地，又是建宅院，还做起了娶九个仙女为妻的美梦。第二年采茶时，仙女们准时到来，吴大贵就提出要和仙女们拜堂成亲，仙女们没想到之前发奋读书的吴大贵，有了钱后便贪色丧志，她们又羞又恼，便去找鸡公。鸡公知道了这件事后，决定除掉鸡公山的这条新蛀虫，他飞到吴大贵的院子上空，振翅一扇，下面便成了火海，他又飞到茶林，毁掉了九千九百九十七棵茶树，只留下两棵作种子。这时，京城的监工已经将准备建千佛塔的千块浮雕送到鸡公山附近的车云山了，他们得知茶林被毁，也不去鸡公山了，就把千块浮雕放在车云山下，回京交旨去了。后来，车云山栽上了遗留的茶籽，茶树长得特别好，当地的茶叶名声大噪，千佛塔也就建在了车云山上。

虽然这只是传说，但信阳地区的确已有两千多年的产茶历史，信阳毛尖也驰名已久。早在唐朝茶圣陆羽的《茶经》中，就把光州茶（即信阳毛尖）列为茶中上品，宋代的大文豪苏东坡也有“淮南茶信阳第一”的千古定论。今天，信阳毛尖秉承千百年的制作工艺，具有了无与伦比的品质，无论色、香、味、形，均具有独特的个性。从外形上看，信阳毛尖细、圆、光、直，多显白毫，色泽翠绿鲜润，干净而不含杂质；从内质来看，信阳毛尖冲泡后汤色嫩绿、明亮清澈，香气鲜嫩高雅、清新持久，味道鲜爽浓醇、回甘生津，冲泡四五次后仍保持长久的熟栗子香。

优异的品质为信阳毛尖带来无尽的荣誉，20 世纪以来，信阳毛尖先后在国际、

国内获奖，不仅被列为我国十大名茶之一，还被评为国家、部级优质名茶、中国茶文化名茶，被选送到全国优质农产品展评会展出。如今，信阳毛尖已被销往国内二十多个省区及日本、德国、美国、新加坡、马来西亚等十多个国家，深受人们欢迎。

信阳毛尖独特优异的品质首先来源于得天独厚的自然环境。信阳毛尖的茶园主要分布在“五山两潭”，即车云山、天云山、脊云山、震雷山、云雾山和黑龙潭、白龙潭，另外，在河家寨、灵山寺等地也有信阳毛尖出产。信阳西面的车云山是云雾弥漫的高山地带，产茶品质最优；黑白两潭一年四季流水潺潺，如烟的水气滋润了柔嫩的茶芽，为信阳毛尖的独特品质提供了自然条件……这些地方都是五百米以上的崇山峻岭，林木茂盛、溪泉长流、云雾弥漫，气候条件优越，是生产绿茶的理想环境。

另外，信阳毛尖的采制工艺也极为精细。采摘是制出好茶的第一关，信阳毛尖的采摘时间为三个月左右，一般自四月中、下旬开始，每隔两三天采一次，分二十至二十五批次采摘。采摘时要求芽叶细嫩匀净，等新梢长到一芽二三叶时，采摘一芽一叶或初展的一芽二叶，制作特级或一级毛尖，一芽二三叶只能制二三级毛尖。芽叶采下后，要分级验收、摊放、炒制。摊放要选择通风干净的地方，叶子厚度不超过五寸，摊放时间不超过十个小时，鲜叶经摊放后，再进行炒制。

信阳毛尖的炒制兼收并蓄了瓜片茶与龙井茶的部分操作，分为杀青、炒条、烘焙三道工序。杀青（当地俗称“生锅”）时将锅斜置，将500克左右的茶叶投入120—140℃的锅内，然后用炒把翻炒，这一方法是瓜片茶炒法的演变，可以使茶叶受热均匀。三至四分钟后叶变软时，再用炒把末端扫拢叶子，使叶子在锅中作往复与圆周运动，从而起到揉捻作用，使叶子初步成条。当叶子炒至五六成干时，就可以进行炒条了。信阳毛尖的炒条（当地俗称“熟锅”），沿袭了

龙井茶的炒制，使用理条手法，其作用在于制形。炒条时，锅温为八十度左右，先用炒把带茶沿着锅壁往复炒动，使茶叶团块散开、条形挺直，当茶叶黏性消失时，再改为手炒理条，用抓、甩等手法使茶叶在蒸发水分的同时收缩条形，达到条索紧直的效果，茶叶达到八成干时开始烘焙。烘焙分毛烘和足烘两步，毛烘的温度为 80℃左右，当茶叶约烘至九成干时倒出摊凉，五六个小时后再进行足烘，足烘时烘温为 50～60℃，茶叶烘干后剔去片、梗，便制成了信阳毛尖茶，制成的信阳毛尖，带着一股熟板栗的香味。

信阳毛尖泡好后，色泽清绿，香味醇正，让人心旷神怡，饮一口，滋味鲜爽，余味回甘，好的信阳毛尖冲泡四五次后仍芳香四溢。如果选用信阳当地的甘甜地下水，冲泡出的信阳毛尖就更入味了。

八、君山银针

君山银针是我国著名黄茶之一，其成品茶条索紧实、大小均匀、茶芽内面金黄、外层白毫明显，外形恰似一根根银针，又因其产于湖南岳阳洞庭湖的君山之上，故名君山银针。

君山四面环水，是洞庭湖中的岛屿，素有“白银盘里一青螺”之称，岛上树木丛生，不仅气候温和、雨量充沛、空气湿润，土壤也十分肥沃。尤其春夏两季，洞庭湖上水汽蒸发，君山云雾弥漫，自然环境非常适合茶树生长，因此，君山之上遍布茶园，所产银针茶叶质量优异。君山银针全由芽头制成，茶身满布白毫，色泽鲜亮，冲泡后不仅香气清高、汤色黄亮、滋味甘醇，还有一番蔚成趣观的景象，其茶芽如根根银针直立向上，在水中几番飞舞之后团聚立于杯底，煞是好看。

君山银针具有悠久的历史，据传，君山银针源于唐朝的“白鹤茶”。初唐时，有一个云游道士名为白鹤真人，他从海外的仙山带来八棵神仙赐予的茶苗种在君山岛上。仙茶长成后，白鹤真人挖了一口白鹤井，他用白鹤井水泡茶时，杯中的茶叶都竖了起来，像破土而出的春笋一般上下沉浮，杯中水气袅袅上升，竟有一只白鹤冲天而去，因此，此茶便得名“白鹤茶”。后来，白鹤茶传到长安，深得皇室宠爱，皇上便将白鹤茶和白鹤井水都定为贡品，年年进献。有一年进贡时，长江的风浪把船上盛白鹤井水的罐子给刮翻了，官员们大惊失色，便取了一些江水充数。茶和水都运到京城后，皇上泡茶时只见茶芽在水中上下沉浮，却不见了白鹤冲天，心中十分纳闷，便说道：“白鹤居然死了！”没想到

金口一开，白鹤井的井水真的枯竭了，白鹤真人也不知所踪，唯有白鹤茶流传下来，成为今天的君山银针。

传说归传说，君山茶确是在唐代就已产生并且成名了。到清代时，君山茶分为“茸茶”和“尖茶”两种，茸茶由采摘后的嫩叶制成，尖茶则由茶芽制成。尖茶外形如剑、白毛茸然，被纳为贡茶，俗称“贡尖”，在《巴陵县志》中有记载：“君山贡茶自清始，每岁贡十八斤，谷雨前，知县邀山僧采制一旗一枪，白毛茸然，俗呼白毛茶。”经过千百年发展，今天的君山银针茶不仅成为我国十大名茶之一，还在德国莱比锡国际博览会上荣获了金质奖章，它的优异品质得到了世界人民的认可。

好茶的品质离不开精细的采制工艺，君山银针的采制要求很高：采摘茶叶的时间只能在清明节前后七至十天内，且不能在雨天、风霜天采摘；制作时，要选春茶的首轮嫩芽，而且要经过精细的挑选，以肥壮、多毫、大小均匀（长25毫米—30毫米）的嫩芽制作银针，凡是有虫伤的、细瘦的、弯曲的、空心的、开口的、发紫的、不合尺寸的茶芽，都不能用来制作君山银针。因此，就算是采摘能手，一个人一天也只能采摘200克左右的鲜茶，这就使得君山银针更加珍贵无比了。

君山银针属黄茶，它的制作分为杀青、摊凉、初烘、二次摊凉、初包、复烘、再次摊凉、复包、焙干等工序。首先是杀青，君山银针的原料都是特嫩的茶芽，因此，杀青时锅温要求较低，开始时100℃左右，以后逐渐降至80℃，炒时动作需要轻而快，切忌重力摩擦，以防芽弯、脱毫、色暗，五分钟后，当芽变软、青气消失、茶香透露时，即为杀青适度，此时茶芽约减重三成。杀青后，将茶芽摊放在竹盘里散发热气，四五分钟后开始初烘。和杀青一

样，君山银针烘焙时也要求锅温较低，约为50—60℃，时间约为二十五分钟，烘时需翻动四至五次，茶烘至五成干时为适度，初烘后如果茶水分过多，则香低色暗，过少则芽色青绿，不符合黄茶色泽要求。初烘后，再进行摊凉降低茶温，然后便可开始初包了。

初烘叶经摊凉后，即用双层皮纸包裹好，以三四斤茶为一包，置于发酵箱内，放置四十至四十八个小时，这个过程较长，也是制作黄茶的关键，叫做初包焖黄。在初包过程中，由于叶芽氧化放热，包内茶温会逐渐上升，因此，一包茶不能过多或过少，如果茶过多，氧化作用剧烈，茶芽容易变暗，如果过少，氧化作用又会缓慢，达不到初包焖黄的要求。初包进行二十四小时后，包内温度可能会升到30℃左右，此时应及时将包打开，把包内茶的外围部分和中间部分调换位置，以便及时散热、转色均匀。初包的整个过程要控制好包内温度，根据温度确定初包时间的长短，当茶芽呈现黄色时，即可松包复烘。初包发酵是形成黄茶品质特性的关键，经过这个过程，君山银针的品质风格就基本形成了。

复烘的温度在50℃度左右，作用是进一步蒸发水分，固定已形成的有效物质，减缓茶芽在复包过程中某些物质的转化，当烘至八成干（若初包发酵不足，可烘至七成干）时摊凉，然后进行复包。复包方法与初包相同，主要作用是补充初包发酵程度的不足，历时二十小时左右，以茶芽色泽金黄、香气浓郁为适度。复包后，用足火焙干茶芽，然后按色泽、外形对君山银针进行分级，制作过程就结束了。

君山银针是黄茶中的极品，冲泡好后茶汤嫩黄，叶底明亮，被人们称为“琼浆玉液”，不仅香气清高，滋味醇厚，还极具观赏性，因此，

人们品饮君山银针时讲究在欣赏中饮茶。冲泡时，选用清澈的山泉和透明的玻璃杯，并用玻璃片作盖，先将玻璃杯冲洗好后擦净，以防茶芽吸水变软而影响它在水中竖立的景象，然后，将茶叶放入杯中，倒入70℃左右的开水（君山银针极嫩，切忌温度过高）。五分钟之后，打开杯盖，就会看见一缕白雾从杯中冉冉升起，本来横卧水中的茶芽由于吸水而直立下沉，芽尖产生气泡，在气泡的浮力作用下，茶芽再次浮升，犹如春笋出土，如此来回几次，茶芽在水中上下沉浮，形成军人所谓“刀枪林立”、文人所谓“雨后春笋”、艺人所谓“金菊怒放”的奇趣景观。赏茶之后，就可以端起杯子闻香、品饮了，相信君山银针沁人心脾的清香，一定会让你如痴如醉的。

九、云南普洱

普洱茶，又称滇青茶，是以云南所产大叶种晒青茶为原料制成的特种茶，因其历史上曾在普洱县集散运销，故得名普洱茶。根据国家规定，现在只有地理标志保护范围内的云南省普洱、昆明、西双版纳等州市的六百三十九个乡镇所产的茶才能叫普洱茶。

云南是世界茶树的原生地，各种各样的茶叶都源于云南的普洱茶产区，因此，普洱茶的历史也十分悠久。根据文字记载，早在三千多年前，云南就已经有人种茶献茶给周武王，但当时还没有普洱茶这个名称；到了唐朝时，普洱茶区大规模种植生产的茶叶被称为“普茶”；宋明时期，普茶逐渐走出云南而流通于中原地区；等到清朝，普茶不仅成为皇室贡茶，还被作为国礼赐给外国使者。史料记载为：“普茶名重天下……茶山周八百里，入山作茶者数十万人，茶客收买，运于各处”“普洱茶名遍天下，京师尤重之”，普洱茶达到了它的第一个鼎盛时期。

值得注意的是，旧时的云南交通闭塞，茶叶要靠人背马驮、历时一年半载才能被运到外地，人们便把茶叶制成茶砖、茶块，以便运输。由于长时间的运输，茶叶发生质变，形成了大量红黄色或褐红色的氧化物，晒青的绿茶变得色泽褐红，但是，与此同时，茶叶却产生了一种奇妙的陈香，形成了独特的风格。随着社会的进步，旧时的普洱茶已成为历史，交通的便利使茶叶失去了自然发酵的条件。但是，今天的普洱茶不仅没有失去原有的品质，反而更上一层楼、成为我国十大名茶之一了。从外形上看，普洱茶条索紧直、金毫明显、芽壮叶肥，颜色黄绿间有红斑；从内质来看，普洱茶香气高锐持久，带有云南大叶种特性的独特香型，冲泡后叶底细嫩褐红，陈香浓郁，滋味甘醇。普洱茶的这些

品质特性，和它的原料、产区条件、制作工艺及储藏环境都有密切的关系。

首先，从原料来看，普洱茶选用云南特有的大叶种茶树，其芽叶不仅茸毫茂密，且极其肥壮，叶片长度约为12—24厘米，有革质，比其他茶树品种都厚韧。另外，这种茶树的芽叶中含有较多的酚类化合物和生物碱，这使得制成的普洱茶具有茶味浓强、富于刺激性和耐泡的特点，冲泡五六次后仍有余香。因此，普洱茶的香气高锐持久，一直受国内和东南亚一带消费者的喜爱。

其次，从产区的自然条件来看，云南茶区多分布在澜沧江两岸的山区和丘陵地带的温凉、湿热地区，这些地区海拔较高，气候温暖湿润，土壤肥沃，有机质含量丰富，为茶树的生长创造了良好的条件。云南不仅气候条件优越，而且光照充足、植被丰富，大叶种茶树生长在云南这个植物王国中，营养吸收好，茶叶中积累了丰富的儿茶素、维生素等物质，茶叶中的水浸物和茶多酚含量都相对较高，这些物质对普洱茶发酵后形成的沉香特色有着重要的作用。此外，云南得天独厚的气候条件对普洱茶的陈放过程（普洱茶越陈越香）也十分有益，普洱茶陈放在云南，茶质变化快速而自然，不失山野茶的本色，陈香馥郁且具有保健功效，同样的普洱茶，陈贮在西双版纳茶区和陈贮在北京，由于气候的差异，其陈化程度和口感都会有很大差异。

从采摘工艺来看，普洱茶的采摘期从3月开始，到11月结束，分为春、夏、秋三期茶。春茶的采期为3月初到4月，夏茶为5月至7月，秋茶则为8月至11月。采茶时，一般采一芽二三叶，也有采摘一芽三四叶的，要根据具体情况制订不同的采摘标准，像西双版纳茶区，气候温暖、雨量充沛、土层深厚肥沃、

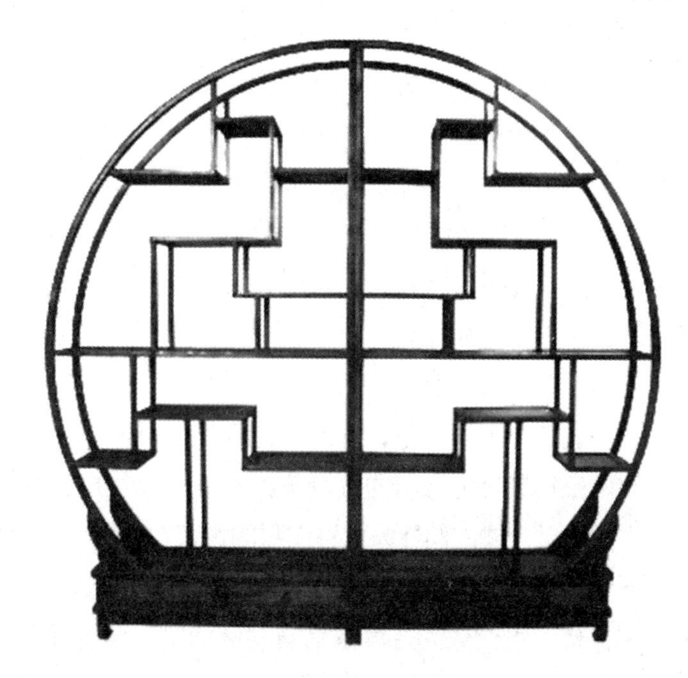

有机质含量丰富，茶树长得高大但分枝发芽不多，其芽叶茸毫茂密，极其肥壮，且具有良好的持嫩性，新梢即使长到五至六叶，其叶质仍然很柔软，在这样的条件下，不但采摘时期较长，芽叶的品质也很优秀。

最后，普洱茶极具科学性的制作工艺也是形成其独特品质的关键。普洱茶属于特种茶，它的制法为亚发酵青茶制法，分为杀青、初揉、初堆发酵、复揉、再堆发酵、初干、再揉、烘干八道工序。首先是杀青，杀青的锅温为100—120℃，先用双手翻炒四五分钟，等叶间水蒸气大量蒸发后改用闷炒，直到叶茎热软、青气消失为止。然后是初揉，这个过程要揉到茶叶汁出条紧，再进行初堆发酵。初堆发酵具有亚发酵的特性，能使叶的青气去净，茶味变醇，达到叶色黄绿带红斑、茶叶冲后茶汤橙黄的效果，约历时六至八个小时。初堆发酵后进行复揉，再次造型，同时促使发酵程度均匀，二十分钟后进行再堆发酵。再堆发酵要将茶叶团块堆积发酵，历时十二至十八个小时，达到普洱茶应有的发酵程度。然后，将茶叶拿出去日晒进行初干，晒至四五成干时再次揉捻，等茶条紧索、表面光润，便可进行烘干了，将茶烘至足干，即成云南普洱茶。

普洱生茶制成之后，还需要漫长的熟化过程，以便茶叶味道纯正，质量稳定。和一般茶叶不同的是，普洱茶存放的时间越长，其香气越发鲜活持久，干仓存放两三年甚至七八年的普洱茶，才是普洱中的上品。因此，云南普洱有越陈越香的性质，被人们称为“可以喝的古董”，具有独特的典藏价值。

不同于红茶的浓艳、绿茶的清新，普洱茶给人们带来的是健康和成熟的魅力。在古代，人们认为普洱茶具有“解油腻，利肠通泄，醒酒，消食去胃胀，

生淬，疗喉痛，和以姜汤能发汗治伤风，止皮肤出血”等药效。今天，科学也证明普洱茶具有降脂减肥、降压、防癌、养胃、抗衰老、美容等功效。其特殊的药用功效已经获得举世认可，使普洱在众多名茶中独具一格。

普洱如此卓尔不群，在冲泡时，也要充分考虑到它的独特品性，才能品出普洱的真韵。首先，一般普洱茶储存时间较长，最好先将茶块打开暴露在空气中一段时间，冲泡时味道才更好；其次，冲泡普洱时应该选用容积较大的器具，以避免茶汤过浓；再次，冲泡普洱茶的热水宜选用 100℃的沸水，第一遍冲泡是唤醒茶叶香气、洗净茶叶的过程，第二次以后的茶汤才可入口。品尝普洱茶时，趁热闻香，可以嗅到其高雅沁心的芬芳，入口时，甘甜醇厚、满口陈香。初次饮普洱，可能会不适应它独特的味道，但是，一旦用心去品，就会感受到普洱茶苦去甘来的奇妙。

十、云南滇红

滇红，是云南红茶的统称，分为滇红功夫茶和滇红碎茶两种。滇红功夫茶是条形茶，滋味醇和，滇红碎茶则是颗粒形茶，滋味强烈富有刺激性，人们一般以功夫茶为滇红中的上品。

滇红茶和普洱茶一样，产于澜沧江、怒江两大水系之间的云南高原上，以云南大叶种类型的茶为原料制成。但是，滇红远没有普洱那样悠久的历史，它诞生于近代。1939 年，在云南凤庆，中国茶叶贸易公司利用云南大叶种茶树鲜叶首先试制出功夫红茶，当时这种红茶被命名为“云红”，第二年，根据香港富华公司的建议，云红改名“滇红”，此后逐渐闻名于世。1958 年，滇红碎茶也试制成功。如今，滇红以“形美、色艳、香高、味浓”称绝于世，不仅销往全国各大城市，还广受欧洲、北美等三十多个国家和地区的欢迎，其优异的品质得到了世人的认可。

滇红最大的特征就是金毫显露，其毫色有淡黄、菊黄、金黄几种，不同地点、不同季节产出的滇红，其毫色也不尽相同。例如，凤庆、云昌等地所产的滇红毫色菊黄，而临沧、勐海等地所产的滇红毫色金黄。在同一茶园，春茶的毫色淡黄、夏茶的毫色菊黄、而秋茶的毫色则多为金黄……滇红功夫茶的另一大特征就是香气浓郁持久，这是一种源于茶树品种和地区性特点的特殊浓香。另外，滇红芽壮叶肥、色泽红黄鲜明，冲泡后滋味浓强而醇爽、汤色红浓艳明，是一种既耐泡又耐贮藏的茶叶，数年贮藏后经三四次冲泡仍香味浓厚。不仅如此，滇红功夫茶中的极品都是以鲜嫩的一芽一叶制造而成，其苗锋秀丽完整、金毫多而显露、色泽乌黑油润，冲泡后则汤色红浓透明、滋味浓厚鲜爽、香气高醇持久，

叶底红匀明亮，被人们认为是最高级的礼品茶。

云南滇红的优异品质，首先得益于得天独厚的自然条件。滇红的主要产地位于云南高原，境内群山起伏，平均海拔都在千米以上，四季温暖，日照充足，每年的五月到十月为雨季，集中了全年九成的降雨量，形成温暖湿润的环境。另外，滇红茶区土层深厚而肥沃，土壤以红壤、黄壤为主，富含有机质和氮、磷、钾等物质。不仅如此，滇红茶也和普洱一样取材于品性优良的云南大叶种茶树，所产茶叶不仅芽壮叶肥，白毫茂密，还具有良好的持嫩性，叶长到五六片依然柔嫩。前一章已经介绍过，云南大叶种茶树所产茶叶含有较多的多酚类化合物和生物碱等成分，这使得制成的滇红茶香味浓强、汤色红亮、十分耐泡，成为我国红茶中的佼佼者。

长期温暖湿润的气候、肥沃的土壤和长势旺盛的茶树等有利条件，使得滇红的采摘时间比一般茶叶都早，茶树发芽的次数也较多，即使进入冬季，滇南地区的茶树仍有发芽的情况，出现了采制冬茶的罕见景观。现在，滇红茶的采摘一般从 3 月中旬开始，至 11 月中旬结束，持续 8 个月左右。3 月中旬至 5 月中旬采摘的春茶产量约占全年总产量的 55%；5 月中旬至 8 月中旬所产夏茶产量约占全年的 30%；8 月下旬至 11 月中旬所产的秋茶产量约占全年的 15%。滇红茶芽叶的采摘标准，要根据制茶级的不同而制定，除特级滇红茶需要一芽一叶外，一般都是采摘一芽二三叶。

我们可以看到，云南滇红和云南普洱的原料、产地、采摘情况大体相似，那么，这两种茶的区别到底在哪里呢？二者的差异主要在于制作工艺的不同。普洱茶是后发酵茶，它在储藏的过程中将一直进行自然发酵，即使是人工发酵的熟茶，制好后也还会继续发酵，所以普洱茶有生熟之分；红茶则没有生熟之分，它是先发酵茶，生产过程一结束，它的发酵也就停止了。

滇红的制作过程，大体分为萎凋、揉捻、发酵、烘焙几道工序。首先是萎

凋，萎凋有室内自然萎凋和萎凋槽萎凋两种方式。室内自然萎凋的室温应控制在20℃—24℃左右，相对湿度应在70%上下，一至二级的滇红茶需历时十至十四小时完成，而三至四级滇红则需要十五至十八小时方可完成萎凋，萎凋完成后，茶叶的含水量应在60%左右。为提高萎凋效率，现在人们大多采用萎凋槽萎凋，萎凋槽一昼夜就可完成一千千克鲜叶的萎凋。萎凋后要进行揉捻，揉捻的作用主要在于造型，不再赘述。揉捻之后，就是制作红茶的关键步骤——发酵了。发酵时，把揉捻叶以五至七厘米的叶层厚度摊放在发酵筐里，控制好发酵室的室温及相对湿度（室温以23—26℃为宜，相对湿度应在90%以上）。由于发酵的过程中的氧化作用，凝附于茶叶表面的茶汁会泛红，当叶片颜色变为铜红色，茸毫变得金黄并发出熟苹果的香气时，发酵过程就结束了。然后进行烘焙的过程，当烘至茶的含水量为5—6%时，红茶就制作好了。

当然，这样制作出的只是红毛茶，毛茶制好后，还要把各级红茶分类归堆、分级加工精制，然后才能制出各级滇红，挑出上等的功夫茶。

很多人都知道，滇红的品饮，多加糖加奶调和饮用，这样不仅不会失去滇红原有的浓香，茶的滋味还会变得更加醇厚。冲泡滇红时，参考祁红和普洱的冲泡方法，泡好的滇红不仅茶汤红艳明亮，能给你带来视觉的享受，更有一种特别的浓香，能给你带来嗅觉和味觉的冲击。午后或睡前饮一杯云南滇红，在生津解渴的同时又能舒缓神经，何乐而不为呢？

茶道

茶道是一种以茶为媒介的生活礼仪，也被认为是修身养性的一种方式，它通过沏茶、赏茶、闻茶、饮茶、增进友谊，美心修德。喝茶能静心、静神，有助于陶冶情操、去除杂念，这与提倡“清静、恬淡”的东方哲学思想很吻合，也符合佛道儒的“内省修行”的思想。茶道精神是茶文化的核心，是茶文化的灵魂。

中国的茶道文化兴起于唐代，盛于宋明两代，衰于清代。中国茶道的主要内容讲究五境之美，即茶叶、茶水、火候、茶具、环境，同时配以情绪等条件，以求“味”和“心”的最高享受，故又被称为美学宗教。

一、茶道产生前

茶在植物学里属于山茶科，是一种常绿灌木，也称小乔木植物，高1至6米。

茶树性喜湿润，在我国长江以南地区大面积栽培。

茶树树叶可制成茶叶泡水饮用，有强心利尿、提神清脑等功效。

茶树种植三年后即可采叶制茶，用清明节前后采摘的四至五个叶的嫩芽制成的茶质量最好，属于茶中珍品。

我国有关茶的记载已有几千年的历史了。饮茶是中国人首创的，世界上其他地方的饮茶习惯、种茶技艺都是直接或间接从中国传过去的。

唐代陆羽在《茶经》里说：“茶之为饮，发乎神农氏。”中国饮茶源于神农氏的说法还有动人的传说呢。

一说：有一天，神农氏在野外用釜煮水时，刚好有几片树叶飘进釜中，煮好的水微微发黄了。神农氏喝了这微微发黄的水后，顿感生津止渴，神清气爽。于是，神农氏便将其称为茶水，分给大家品尝，这样便有了茶。

又一说：神农氏长了个水晶肚子，人们从外面就可以看见食物在神农氏胃肠中蠕动的情形。有一天，神农氏试尝茶树叶子时，发现茶树叶子在肚子里到处流动，查来查去，把肠胃洗得干干净净。于是，神农氏便称这种植物为“查”，后来演变成“茶”字，这就是茶的起源。

据晋代常璩《华阳国志·巴志》记载，周武王伐纣后，巴国曾向周武王进贡茶。《华阳国志》中还说，那时已经有人工栽培的茶园了。

茶最初是作药用、食用和祭祀用的，后来才渐渐发展为饮品。现在的腌渍茶、打摆茶、油茶、烤茶、罐云茶等仍在沿用古习。

三国时期魏人张揖在《广雅》中记载了当时制茶与饮茶的方法：将饼茶烤炙之后捣成粉末，然后掺入葱、姜、橘子等调料放到锅里烹煮。这样煮出的茶成粥状，饮时连作料一起喝下。这种方法一直延续到唐代。

唐代茶的饮法仍是煮茶，也称烹茶、煎茶。饮用时先将饼茶放在火上烤炙，然后用茶碾将饼茶碾成细末，再用筛子筛成粉末备用。下一步是先将水煮开。水刚开时，水面出现像鱼眼一样细小的水珠，并微微有声，称为一沸，这时要在水中加一些盐调味。当锅里的水泡像涌泉和连珠时，称为二沸，这时要用瓢舀出一瓢开水备用。然后用竹夹子在锅中心搅拌，将茶末从锅中心倒进去。稍后，锅中的茶水会沸腾溅沫，称为三沸，这时要将刚才舀出的那瓢水再倒进锅里去，这样一锅茶汤就算煮好了。最后，将煮好的茶汤舀进碗里饮用。这是当时社会上流行的饮茶方法，也是第一种方法。

第二种方法是将饼茶舂成粉末放在茶瓶中，再用开水冲泡，而不用烹煮，这是末茶的饮用方法。

第三种方法是用葱、姜、枣、橘皮、茱萸、薄荷等和茶一起反复煮沸饮用，这是荆巴地区的煮茶方法，这种煮茶方法从三国到唐代数百年间一直在民间流传着。这是从古代用茶作菜羹到用茶作饮料之间的过渡形态。

宋代，茶汤中不再加盐了。

二、茶道的起源

中国茶道形成于唐代中期，陆羽是中国茶道的创始人。

陆羽所著《茶经》三卷，不仅是世界上第一部茶学著作，也是第一部茶道著作。

陆羽《茶经》所倡导的饮茶之道包括鉴茶、选水、赏器、取火、炙茶、碾末、烧水、煎茶、酌茶、品饮等一系列程序和规则。

中国茶道即饮茶之道，也就是饮茶的艺术，说白了就是饮茶的正确方法——在饮茶的同时修身正心。

中国古代有关茶道的著作除《茶经》外，尚有宋代蔡襄的《茶录》、宋徽宗赵佶的《大观茶论》、明代朱权的《茶谱》、钱椿年的《茶谱》、张源的《茶录》、许次纾的《茶疏》等。

现在广东潮汕地区、福建武夷地区的功夫茶道即源于中国古代茶道。

功夫茶道的程序如下：恭请上座、焚香静气、风和日丽、嘉叶酬宾、岩泉初沸、孟臣沐霖、乌龙入宫、悬壶高冲、春风拂面、薰洗仙容、若琛出浴、玉壶初倾、关公巡城、韩信点兵、鉴赏三色、三龙护鼎、喜闻幽香、初品奇茗、再斟流霞、细啜甘莹、三斟石乳、领悟神韵、敬献茶点、自斟慢饮、欣赏歌舞、游龙戏水、尽杯谢茶。

中国茶道就是通过上述饮茶程序让人们在品茶享受中潜移默化，提高人的涵养，修炼人的身心，提升人的境界，让人渐趋达到真善美。

唐朝社会稳定，经济繁荣。文人相会时，茶宴很流行，宾主常常以茶代酒。

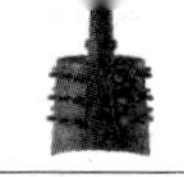

在文明高雅的社交活动中，也常品茗赏景，各抒胸襟。寺院僧众念经坐禅时，也以茶为饮料，用以清心养神。宫中也举行茶宴，视茶为神品。渐渐地，人们对饮茶的环境、礼节、操作方式等饮茶程序越来越讲究，形成了一些约定俗成的规矩和仪式，这便是茶道。

当然，宫廷茶宴、寺院茶宴、文人茶宴是有区别的，其茶道也各具特色，但其修身养性的作用是一致的。

南宋光宗绍熙二年（1191 年）日本高僧荣西和尚访华，首次将茶树种子带回日本。从此，日本开始种植茶叶，茶树在日本南部遍地开花了。

南宋理宗开庆元年（1259 年），日本崇福寺开山南浦昭明禅师来我国浙江省余杭县经山寺求学取经，学习了该寺的茶道。回国后，他将中国茶道引进日本，将一套唐朝茶具带到崇福寺，成为中国茶道在日本最早的传播者。

日本丰臣秀吉时代（1536—1598 年），相当于我国明朝中后期。这期间，千利休成为日本茶道高僧，他结合日本民族的特点，在中国茶道基础上形成了具有日本特色的茶道。他提出日本茶道的四规："和、敬、清、寂。"这个基本理论是受中国茶道影响而形成的，其茶道主要程序仍是中国的。

新罗善德女王时代（632—646 年），从唐朝传入饮茶习俗。新罗兴德王三年（828 年），遣唐使金大廉从中国带回茶树种子，由朝廷降诏种于地理山，从而促成了韩国本土茶业的发展及饮茶之风。

936—1392 年是高丽王朝饮茶的全盛时期，茶在贵族及僧侣

生活中已不可或缺，民间饮茶风气也相当普遍。当时全国有35个茶叶产地，名茶有孺茶，滋味柔美浓稠，犹如孺子吸吮的乳汁，故称孺茶。王室在智异山花开洞（今庆尚南道河东郡）设御茶园，面积广达四五十里，称花开茶所。中国儒家的礼制思想对韩国影响很大，儒家的中庸思想被引入韩国茶道，形成“中正”的茶道精神。在茶桌上，无君臣、父子、师徒之别，茶杯总是从左向右传下去，而且要求茶水必须均匀，体现了追求中正的韩国茶道精神。

中国茶道早于日本数百年甚至上千年，最早提出了“茶道”的概念，并在该领域中不断实践，不断探索，从而取得了很大的成就。

中国茶道重精神而轻形式，不只满足于用茶修身养性，也不苛求仪式和规范，而是更大胆地探索茶对人类健康的真谛，创造性地将茶与中药等多种天然原料有机地结合起来，使茶饮在医疗保健中发挥更大的作用，使其获得更大的发展空间。这是中国茶道最具实际价值的特色，也是千百年来一直深受人们重视和喜爱的魅力所在。

中国茶道是陆羽开创的。陆羽（733—804年），字鸿渐，唐朝复州竟陵（今湖北天门市）人。他精于茶道，为中国茶业和世界茶业的发展做出了卓越贡献，被誉为“茶仙”，被尊为“茶圣”，被祀为“茶神”。

唐玄宗开元二十三年（735年），陆羽因相貌丑陋而成为弃儿，那时陆羽才3岁。被遗弃后，陆羽被一群大雁所围护，竟陵龙盖寺住持智积禅师将其收养。

智积禅师拾到陆羽后，心想围护他的大雁古称鸿，《易经》卦辞说：“鸿渐于陆，其羽可用为仪，吉。”于是根据卦辞给他定姓为“陆”，取名为“羽”，以“鸿渐”为字。

智积禅师喜欢喝茶，陆羽从少年开始就经常为他煮茶。经过长期实践，陆羽终于煮出了好茶，以至于茶非陆羽所煮，智积禅师是不喝的。现在，湖北省天门市保存有一座古雁桥，即当年大雁围护陆羽的地方。镇北门有一座三眼井，曾是陆羽煮茶取水之处。

陆羽渐渐长大，性喜读书，不愿意削发为僧。

陆羽 9 岁时，有一天智积禅师要他抄经念佛，他问道：“不孝有三，无后为大。僧人生无兄弟，死无后嗣，能算孝吗?”智积禅师闻言大怒，就用繁重的劳务惩罚他，让他打扫寺院、清理厕所、修理僧舍，还让他放牧三十头牛。陆羽并不因此屈服，求知欲望反而更加强烈。他无纸学字，就用竹竿在牛背上写字。

有一天，陆羽偶然得到张衡写的《南都赋》，不禁大喜若狂。他虽并不全识其字，却也展卷危坐，口中念念有词。智积禅师知道后，把他禁闭在寺中，令其在院中除草，还派年长僧人看管他。

转眼三年过去，陆羽 12 岁了。为了求学，他乘人不备，逃出了龙盖寺。

陆羽到了寺外，举目无亲，衣食无着，只得进了一个戏班子作优伶，学习演戏。他虽然长得其貌不扬，又有些口吃，但却幽默机智，演丑角极为成功。后来，他还编写了三卷笑话书《谑谈》。

唐玄宗天宝五年（746 年），竟陵太守李齐物在一次州人聚饮中，看到了陆羽出色的表演，十分欣赏他的才华。听说他的遭遇和抱负后，十分感动，当即赠以诗书，并修书推荐他到隐居于天门山的名儒邹夫子那里去读书。

天宝十一年（752 年），礼部郎中崔国辅贬为竟陵司马，

与陆羽相识。这时，陆羽已是饱学之士，诗词文章远近闻名了。崔陆二人常一起出游，品茶鉴水，谈诗论文。

在崔国辅被贬的前一年，杜甫为了报国，曾献《三大礼赋》给唐玄宗。唐玄宗深奇其才，要面试杜甫，命崔国辅为试官。由此可见崔国辅学问出众，非同一般。崔国辅尤以古诗见长，《河岳英灵集》说崔国辅的诗“古人不及也”。崔国辅肯与陆羽相交为友，可见陆羽是多么有学问了。

陆羽不但有学问，文章写得也好，而且爱茶如命，遇事好钻研。

天宝十五年（756年），陆羽为了考察茶事，决定出游巴蜀。行前，崔国辅以白驴、乌牛及书函相赠，陆羽感激不尽，挥泪作别。

一路上，陆羽逢山便驻马采茶，遇泉便下鞍品水，口不停访，笔不辍录，收获甚丰，锦囊皆满。

唐肃宗乾元元年（758年），陆羽来到升州（今江苏南京），寄居栖霞寺，继续钻研茶事。次年，旅居丹阳。

唐肃宗上元元年（760年），陆羽迁到浙江吴兴苕溪，隐居山间，闭门专心撰写《茶经》。

《茶经》问世后，广为流传，人见人爱。

陆羽在崔国辅被贬到竟陵前就已成名，李齐物回京后，曾举荐陆羽为“太子文学”官，唐代宗特地降诏拜官，陆羽不肯就职。后来，朝廷又拜陆羽为太常寺大祝，陆羽仍未就职。

陆羽一生鄙夷权贵，不重名利，

酷爱自然和文史，坚持道德和正义。《全唐诗》有他作的一首歌，体现了他的品质："不羡黄金罍，不羡白玉杯；不羡朝入省，不羡暮入台；千羡万羡西江水，曾向竟陵城下来。"歌下还附记有陆羽的另一首诗："月色寒潮入剡溪，青猿叫断绿林西。昔人已逐东流去，空见年年江草齐。"

陆羽的《茶经》是唐代和唐以前有关茶叶知识和实践经验的系统总结，其中还包括陆羽在亲身实践中取得的有关茶叶生产和制作的第一手资料。此书问世后，人人宝爱，无不盛赞陆羽在茶业研制方面的开创之功。

陆羽不但是一位茶叶专家，还是著名的诗人、音韵学家、文字学家、书法家、演员、剧作家、史学家、传记作家、旅游家和地理学家。

陆羽著作有《江表四姓谱》、《南北人物志》、《吴兴历官志》、《吴兴刺史记》、《吴兴记》、《吴兴图经》、《慧山记》、《虎丘山记》、《灵隐天竺二寺记》、《武林山记》、《家书》等多种。

陆羽生前每到一处，每离一地，都受到群众和友人的隆重迎送。社会上对陆羽有这样的礼遇，不只是因为他在茶学上的贡献，还因为他在文史方面的成就和地位。陆羽若无文才，是写不出《茶经》这样辉煌的著作的。

三、中国茶道史

茶道是以修行为宗旨的饮茶艺术，是饮茶之道和饮茶修道的统一。茶道包括茶艺、茶礼、茶境、修道四大要素。茶艺是指准备茶具、选择用水、取火候汤、习茶品茶的一套技艺，茶礼指茶事活动中的礼仪规矩，茶境指茶事活动的场所环境，修道指通过茶事活动来怡情修性。

古时，茶道中所修之道可以为儒家之道，可以为道家之道，也可以为佛教之道，因人而异。一般来说，茶道中所修之道为综合三家之道。

中国古代饮茶法有煎、点、泡三类，中国茶道先后产生了煎茶道、点茶道、泡茶道三种形式。

茶艺是茶道的基础，茶道的形成必然是在饮茶普及茶艺完善之后。唐代以前虽有饮茶之风，但不普遍。东晋虽有茶艺的雏型，还远未完善。南朝到盛唐是中国茶道的酝酿期。

中唐以后，中国人饮茶已成风气。唐肃宗、代宗时期，陆羽著《茶经》，奠定了中国茶道的基础，又经皎然、常伯熊等人的实践、润色和完善，形成了煎茶道。北宋时期，蔡襄著《茶录》，宋徽宗赵佶著《大观茶论》，从而形成了点茶道；明代中期，张源著《茶录》，许次纾著《茶疏》，泡茶道因而诞生。

（一）唐宋煎茶道

陆羽《茶经》问世后，中国茶道诞生了。其后，斐汶撰《茶述》，张又新撰《煎茶水记》，温庭筠撰《采茶录》，皎然、卢仝作茶歌，推波助澜，使中国煎茶道日益成熟。

1. 煎茶道茶艺

煎茶道茶艺有备器、选水、取火、候汤、习茶五大环节。

(1) 备器

《茶经》中列举了二十四种茶器，其中有风炉、炭挝、火荚、漉水囊、瓢、碗、盂、畚、巾等。

(2) 选水

《茶经》中说，饮茶之水“山水为上，江水为中，井水为下”。其中山水要拣乳泉，江水要取距人远者，井水要取汲水多者。陆羽晚年撰《水品》，将天下之水分为二十个等级。讲究水品是中国茶道的特点。

(3) 取火

《茶经》说茶道之火要用炭，其次用薪柴。炭不能用经过燔炙或沾过膻腻之物的，薪柴不能用槁木和败器。温庭筠《采茶录》中说，茶须用缓火炙，用活火煎。活火谓炭之有火焰者，性能养茶。

(4) 候汤

《茶经》说茶汤其沸如鱼目，微微有声为一沸；边缘如涌泉如连珠为二沸；腾波鼓浪为三沸，这时饮用正好。三沸一过，汤水便老而不可饮了。候汤是煎茶的关键。

(5) 习茶

习茶包括藏茶、炙茶、碾茶、罗茶、煎茶、酌茶、品茶等。

2. 茶礼

《茶经》规定一次煎茶少则三碗，多不过五碗。客人五位，则行三碗茶；客人七位，则行五碗茶。所缺两碗以最先舀出的来补。若客人四位，则行三碗茶；若客人六位，则行五碗茶，所缺一碗以最先舀出的来补。若八人以上则两炉、三炉同时煮，再以人数多少来确定碗数。

3. 茶境

《茶经》说饮茶活动可在松间石上，泉畔涧边，甚至在山洞中。或莺飞花拂，清风丽日，环境优美；或一树蝉声，翠竹摇曳，树影横斜，环境清雅。

若在室内饮茶，则四壁要悬挂画有《茶经》内容的挂轴，也可选道观僧寮、书院会馆、厅堂书斋。

4. 修道

《茶经》说茶最宜饮用，若热渴凝闷、脑疼目涩、四肢烦惫、百节不舒，聊饮四五口，可与醍醐甘露相比。饮茶能使人冷静，使人强健。

《茶经》说风炉的设计应用了儒家《易经》的八卦和阴阳家的五行思想。风炉上铸有“坎上巽下离于中”和“体均五行去百疾”的字样，的设计为方耳宽边，反映了儒家的中正思想。

《茶经》不仅阐发了饮茶的养生功用，还将饮茶提升到精神文化层次，旨在培养“俭德中正”的思想。

诗僧皎然，年长于陆羽，与陆羽结成忘年交。皎然精于茶道，认为饮茶不仅能涤昏、清神，更是修道的门径，有助于人的修养。

卢仝《走笔谢孟谏议寄新茶》诗中写道：“一碗喉吻润，两碗破孤闷。三碗搜枯肠，唯有文字五千卷。四碗发清汗，平生不平事，尽向毛孔散。五碗肌骨清，六碗通仙灵。七碗吃不得也，唯觉两腋习习清风生。”“文字五千卷”指老子五千言，也就是《道德经》。这是说喝了三碗茶，心中唯存道德了。四碗茶，是非恩怨烟消云散。五碗肌骨清，六碗通仙灵，七碗羽化登仙。这首诗流传千古，卢仝也因此与陆羽齐名。

在这些有识之士的倡导下，饮茶从日常物质生活提升到精神文化层次了。

综上所述，中唐时期煎茶茶艺已经完备，以茶修道思想终于确立，注重饮茶环境，具备初步的饮茶礼仪，这标志着中国茶道的正式形成。

陆羽不仅是煎茶道的创始人，也是中国茶道的奠基人。

煎茶道是中国最先形成的茶道形式，鼎盛于中唐、晚唐，经五代、北宋，至南宋而亡，历时约五百年。

（二）宋明点茶道

点茶法约始于唐末，从五代到北宋，越来越盛行。

11世纪中叶，蔡襄著《茶录》二篇，上篇论茶，包括色、香、味、藏茶、炙茶、碾茶、罗茶、候汤、熁盏、点茶；下篇论茶器、茶焙、茶笼、砧椎、茶钤、茶碾、茶罗、茶盏、茶匙、汤瓶。蔡襄是北宋著名的书法家，其所著《茶录》奠定了点茶茶艺的基础。

12世纪初，宋徽宗赵佶著《大观茶论》二十篇：地产、天时、采择、蒸压、制造、鉴辨、白茶、罗碾、盏、筅、缾、杓、水、点、味、香、色、藏焙、品茗、包焙。赵佶精于茶道，对点茶道的最终形成做出了贡献。

点茶道蕴酿于唐末五代，至北宋后期成熟。

1. 点茶道茶艺

点茶道茶艺包括备器、选水、取火、候汤、习茶五大环节。

（1）备器

《茶录》《茶论》《茶谱》等书对点茶用器都有记录，归纳起来点茶道的主要茶器有茶炉、汤瓶、砧椎、茶钤、茶碾、茶磨、茶罗、茶匙、茶筅、茶盏等。

（2）选水

宋代选水继承唐人观点，认为山水为上，江水为中，井水为下。但《大观茶论》认为江河之水有鱼鳖之腥气、泥泞之污秽。宋徽宗主张水以清轻甘活为好，可取山水、井水，反对用江河之水。

(3) 取火

宋代取火基本同唐人。

(4) 候汤

蔡襄《茶录》说候汤最难，未熟则沫浮，过熟则茶沉。《大观茶论》说水过老则以少许新水投入，顷刻可用。

(5) 习茶

点茶道习茶程序主要有：藏茶、洗茶、炙茶、碾茶、磨茶、罗茶、熁盏、点茶（调膏、击拂）、品茶等。

2. 茶礼

朱权《茶谱》说童子献茶于前，主人起立，接瓯举奉客人说："请君泻清臆。"客人起立接瓯，举瓯说："非此不足以破孤闷。"复坐而饮。饮毕，童子接瓯而退。主客话久情长，如此再三。点茶道注重主人、客人间的端、接、举、饮、叙礼节，颇为严肃。

3. 茶境

点茶道对饮茶环境的选择与煎茶道相同，要求自然幽静：或会于泉石之间，或处于松竹之下，或对皓月清风，或坐明窗静牖。

4. 修道

点茶道反映出儒、道两家待人接物、为人处世之理。高者抑之，下者扬之。虚己待物，不饰外貌。听茶汤沸腾之声，养自己浩然之气；观摩炉中之火，加强自己内炼之功。在饮茶中受到启发，有裨于修养之道。

点茶道注重在茶水、茶火、茶具中产生联想，在物质享受的同时提高精神境界。

宋代时点茶道成为时尚，点茶的具体做法是先将茶叶末放在茶碗里，注入少量沸水，调成糊状，然后再注入沸水，或直接向茶碗中注入沸水，同时用茶筅搅

动，茶末上浮，形成粥面。这一步骤称为调膏。

点茶时通常用执壶往茶盏中点水，点水时要有节制，落水点要准，不能破坏茶面。与此同时，另一只手用茶筅旋转打击和拂动茶盏中的茶汤，使之泛起汤花（泡沫），称为运筅或击拂，注水和击拂要同时进行。

要创造出点茶的最佳效果，一要注意调膏，二要有节奏地注水，三是茶筅击拂时要视具体情况而有轻重缓急之分。只有做到这三点，才能点出最佳效果的茶汤来。高明的点茶能手被称为“三昧手”。

苏东坡《送南屏谦师》有“道人晓出南屏山，来试点茶三昧手”之句。其中的三昧手即指此点茶高手。

点茶道盛行于北宋后期至明代前期，历时约六百年。

（三）明清泡茶道

泡茶法始于中唐，南宋末年至明代初年，泡茶多用末茶。明初以后，泡茶开始用叶茶，流传至今。

16世纪末，相当于明代后期，张源著《茶录》，其书有藏茶、火候、汤辨、泡法、投茶、饮茶、品泉、贮水、茶具、茶道等篇；许次纾著《茶疏》，其书有择水、贮水、舀水、煮水器、火候、烹点、汤候、瓯注、荡涤、饮啜、论客、茶所、洗茶、饮时、宜辍、不宜用、不宜近、良友、出游、权宜、宜节等篇。《茶录》和《茶疏》两部名作共同奠定了泡茶道的基础。

17世纪初，程用宾撰《茶录》，罗廪撰《茶解》。

17世纪中期，冯可宾撰《岕茶笺》。

17世纪后期，清代冒襄撰《岕茶汇钞》。

这四部茶书进一步补充、发展、完善了泡茶道。

1. 泡茶道茶艺

泡茶道茶艺包括备器、选水、取火、候汤、习茶五大环节。

（1）备器

泡茶道茶艺的主要器具有茶炉、汤壶（茶铫）、茶壶、茶盏（杯）等。

（2）选水

明清茶人对水的讲究比唐宋有过之而无不及。明代，田艺衡撰《煮泉小品》，徐献忠撰《水品》，专书论水。明清茶书中，也多有择水、贮水、品泉、养水等内容。

（3）取火

张源《茶录》说烹茶要旨以火候为先，炉火通红时才开始用茶瓢上水。扇风时要轻而疾，这样才能掌握好文武火候。

（4）候汤

《茶录》说汤水沸腾如涌波鼓浪，水气全消，方为纯熟；有声时称为萌汤，直至无声方是纯熟；水气冒出一缕、二缕、三缕、四缕，或缕乱不分，氤氲乱绕时称为萌汤，直至气直上冲方为纯熟。

（5）习茶

①壶泡法

据《茶录》《茶疏》《茶解》等书，壶泡法的一般程序有：藏茶、洗茶、浴壶、泡茶（投茶、注汤）、涤盏、酾茶、品茶。

②撮泡法

据陈师《茶考》记载，用细茗置茶瓯，以沸汤点之，名为撮泡。撮泡法简便，主要有涤盏、投茶、注汤、品茶。

③功夫茶

功夫茶形成于清代，流行于广东、福建和台湾地区，是用小茶壶泡青茶（乌龙茶），主要程序有浴壶、投茶、出浴、淋壶、烫杯、酾茶、品茶等。

2. 茶礼

泡茶道注重自然，不拘礼法。

3. 茶境

饮茶环境要静、洁、雅，最好回归大自然。

明清茶人品茗修道环境极为讲究，设计了专门供茶道用的茶室——茶寮，使茶事活动有了固定的场所。茶寮的发明、设计，是明清茶人对茶道的一大贡献。

4. 修道

明清茶人继承了唐宋茶人的饮茶修道思想，创新不多。

综上所述，泡茶道蕴酿于元代至明代前期，正式形成于16世纪末叶的明代后期，盛行于明代后期至清代前中期，并绵延至今。

中国先后产生了煎茶道、点茶道、泡茶道。煎茶道、点茶道在中国本土早已消亡，唯有泡茶道尚存。

中国的煎茶道、点茶道、泡茶道先后传入日本，经日本茶人发扬光大，形成了日本的“抹茶道”和“煎茶道”。

四、古代茶道种种

（一）宫廷茶道

宫廷茶道的饮茶人为皇帝和大臣。

商代末年，周武王联合住在川、陕一带的方国共同伐纣，灭了商朝。

周武王凯旋后，巴蜀之地所产的茶叶便正式列为朝廷贡品了。

贡茶之风从周代一直延续到清代。为了贡茶，千百年来男废耕，女废织，夜不得安，昼不得息。

唐朝宰相李德裕爱用惠泉水煎茶，便令人用坛子封装，从无锡千里迢迢送到长安，奔波跋涉，劳民伤财。

乾隆皇帝亲自参与“孰是天下第一泉”的争论，最后钦定北京玉泉水为天下第一泉。为求“真水”，不知耗费多少民脂民膏。

但是，茶叶自列为贡品后，客观上抬高了茶叶的身价，推动了茶叶生产的发展，刺激了茶叶的科学研究，久而久之，在中国形成了一大批名茶。

古代中国社会是皇权社会，皇家的好恶最能影响到社会的风气和民间的习俗。贡茶制度确立了茶叶的“国饮地位”，也确立了中国为世界产茶大国、饮茶大国的地位，还确立了中国茶道的地位。

在宫廷茶道里，一切都精益求精。

宫廷茶道有深刻的文化背景，成为茶道的重要流派，茶道应有的一切程序都得以确立。

清末，宫廷茶道走出宫门，在较为广泛的上层社会流传开来。一些富商大贾、豪门乡绅之流趋之若鹜，为了标榜斯文，也爱上了茶道。他们很少讲究诗词歌赋、琴棋书画，只求贵，要有地位；只求富，要有万贯家

私。他们在茶艺上要求“精茶、真水、活火、妙器”，一切必求高品位，用金钱夸示富贵。为求活火，要制好炭；为求妙器，要制精品。为求好炭妙器，不惜一掷千金；即使万金难求，也要挥金如土。

宫廷茶道的流传越来越广，随着社会的发展，终于大众化了。

宫廷茶道是现代武夷山工夫茶道的源头。通过武夷山工夫茶道，我们得以再睹当年宫廷茶道的庐山真面目。

（二）文人茶道

文人茶道的饮茶人主要是古代的知识分子，也包括有学问的名门闺秀、青楼歌伎、艺坛伶人等。对于饮茶，他们不图止渴、消食、提神，而是要用茶引人步入超凡脱俗的精神境界，是想于闲情雅致的品茗中悟出点什么。正所谓醉翁之意不在酒，在乎山水之间；茶人之意不在茶，在乎人生哲理中。

唐代以后，知识分子一改“狂放啸傲、栖隐山林、向道慕仙”的文人作风，开始“人人有报国之心，时时存入世之想”了。他们希望报效国家，一展所学，留名千古。

文人变得冷静务实后，以茶代酒蔚然成风，这就使他们成了茶道的主角。

文人在品茗的同时，也以茶助诗兴，以茶会知音。如元代贤相耶律楚材在《西域从王君玉乞茶因其韵》中说：“啜罢江南一碗茶，枯肠历历走雷车。黄金小碾飞琼雪，碧玉深瓯点雪花。笔林兵阵诗思奔，睡魔卷甲梦魂赊。精神爽逸无余事，卧看残阳补断霞。”

久之，在文人的影响下，茶艺成为一门艺术，成为一种文化了。文人又将茶艺文化与修养、教化、正心紧密结合起来，从而形成了文人茶道。

上述煎茶道、点茶道、泡茶道均为文人茶道。

（三）寺院茶道

佛教的发源地是印度，而茶道的发源地是中国。当佛教传入中国后，寺院中还未有饮茶之风。后来，寺院茶道大兴，源于僧人坐禅。

僧人坐禅时晚上不许吃斋，又需要清醒的头脑集中思考禅机，饮茶对他们来说是最重要的了。

僧人饮茶既可提神，又可领悟佛性。茶的苦涩让人谨守俭德，不去贪图享乐；茶道的普通让人的精神与大自然融为一体；茶的清香让人犹如饮了大自然的精华，油然生出一幕幕佛国美景。这就是人们常说的“茶禅一味”。

寺院茶道也称寺院茶礼，有一套极严格的程序。

寺院专设茶堂、茶寮作为以茶待宾之所，还配备茶头、施茶僧等负责其事。

名山多出名茶，而名刹多位于名山，多在深山云雾之中。那里既有野生茶树，也宜于种植普通茶树，如武夷岩茶就极负盛名，许多寺院都自种自饮，还用以招待香客。

庐山东林寺名僧慧远曾以自种之茶招待陶渊明，与之吟诗谈经，终日不倦。

唐代，日本僧人把茶树种子带回日本，让茶树在日本生根开花。中国禅宗茶道也被带到日本，成为日本茶道的最初形式。后来，中国茶道又被僧人传到东南亚各国以及欧州各国。

寺院茶道在中国茶道文化传播过程中起着不可估量的作用。

（四）太极茶道

太极茶道是古代大众茶道，浓缩了茶道精华，弘扬了中华民族真善美的本色，体现出茶性最美的一面。

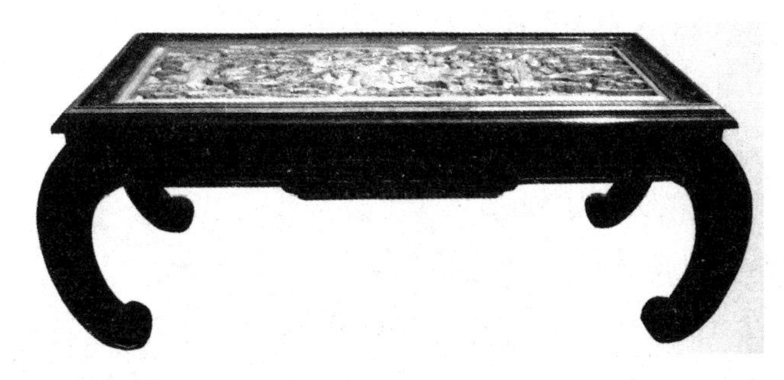

乾隆三十年（1765年），江南郑家后生郑祥栋来到上海苏州河边一家小茶馆当学徒。他

为人诚实、勤劳、厚道，冲茶讲究水质，泡茶得法，颇得老板和邻里的称赞。

有一天，老板遗失巨额当票，郑祥栋拾金不昧。老板深受感动，当即承诺日后将茶馆赠与他。

二十年后，正值乾隆五十年（1785年），老板到别处开大茶馆，将小茶馆送给郑祥栋。

郑祥栋接管茶馆后，挂上“太极”字号，创立了太极茶道。

太极茶道茶具有：

1. 炭炉一个。

2. 陶制水壶一把。

3. 茶桌一张，如根雕带茶盘者，盘中刻太极八卦图。

4. 茶杯八个，杯底分别有乾、坤、艮、巽、坎、离、震、兑八卦之象。

5. 茶洗一个。

6. 有持手的泡壶一把。

7. 青铜香炉一个。

8. 香三支。

9. 古琴一把。

10. 线装《周易》一套。

11. 铁观音茶叶三钱至五钱。

12. 太极八卦紫砂壶，壶盖制成太极图形；太极八卦茶盘，八角形，每边刻一卦象，中央放壶之处刻成太极图形。

13. 太极八卦图一幅。

14. 弹奏古曲《高山流水》。

太极茶道程序：

1. 无极初始——焚香入定。

2. 两仪开天——煮水、候汤。

3. 三才成列——烫壶（壶为天）、洗杯（杯为地）、赏茶（茶为人）。

4. 四象乃成——投茶、冲水（茶、水、气、香）。

5. 五行化生——洗茶。

6. 六合同春——泡茶。

7. 七星高照——分茶。

8. 八卦呈祥——敬茶。

9. 九九归一——闻香、观色、品茶、回味。

10. 十方统和——看卦、解卦、谢茶。

太极茶道认为中国茶道历史久远，因为茶叶种类繁多，水质各有差异，冲泡技术不同，所以泡出的茶汤会有不同的效果。要想泡好茶，既要根据实际需要了解各类茶叶、各种水质的特性，掌握好泡茶用水与器具，又要讲究有序而优雅的冲泡方法与动作，还要求在讲究“色香味形”的同时，讲究阴阳和谐之美。

泡茶首先要选茶和鉴茶，只有正确选茶和鉴茶，才能决定冲泡的方法。茶的种类很多，根据采摘时间的先后分为春茶、夏茶、秋茶，也可以按种植的地理位置不同分为高山茶和平地茶，还可以根据茶色（加工方法不同）将茶分为绿茶、红茶、青茶（乌龙茶）、白茶、黄茶、黑茶六大类。

绿茶是我国产量最多的一类茶叶，有绿叶清汤的品质特征。嫩度好的新茶色泽绿润，芽峰显露，汤色明亮，代表品种有“龙井”“碧螺春”等。

红茶为红叶红汤，是经过发酵形成的品质特征。干红茶色泽乌润，滋味醇和甘浓，汤色红亮鲜明。红茶以“祁红”“宁红”和“滇红”最有代表性。

乌龙茶属于半发酵茶，色泽青褐如铁，故又名青茶。典型的乌龙茶叶体中间呈绿色，边缘呈红色，素有“绿叶红镶边”之美誉。其汤色清澈金黄，有天然花香，滋味浓醇鲜爽。乌龙茶以“铁观音”“大红袍”“冻顶乌龙”最具代表性。

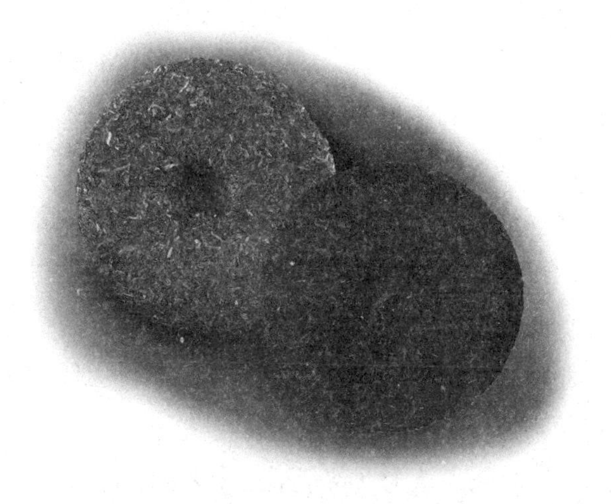

白茶由芽叶上面白色茸

毛较多的茶叶制成。白茶满身白毫，形态自然，汤色黄亮明净，滋味鲜醇。白茶的代表品种有“毫银针”“寿眉”“白牡丹”等。

黄茶黄叶黄汤，香气清锐，滋味醇厚。其叶茸毛披身，金黄明亮，汤色杏黄明澈。黄茶代表品种有“君山银针”“蒙顶黄芽”“霍山大黄茶”等。

黑茶叶色油黑凝重，汤色橙黄，叶底黄褐，香味醇厚。

除上述六大类茶叶以外，还有再加工茶，即在以上六大类茶的基础上经过再次加工制成的茶叶品种，如花茶、紧压茶等。花茶以绿茶、烘青茶、红茶等做主要原料，和花拼和窨制，使茶叶吸收花香，故名花茶，如“茉莉花茶”“玫瑰红茶”等。紧压茶以黑茶、红茶为原料，经蒸压工序做成一定形状，如“青砖”“康砖”“六堡茶”“沱茶”“米砖”等。

其次是水质。鱼得水活跃，茶得水才有香、色、味。水是茶的载体，饮茶时快感的产生、无穷的回味都要通过水来实现。水质欠佳，茶叶中的各种营养成分会受到污染，以致闻不到茶的清香，尝不到茶的甘醇，看不到茶的晶莹。择水先得选择水源，水有泉水、溪水、江水、湖水、井水、雨水、雪水之分，但只有符合“活、甘、清、轻”四个标准的水才算得上是好水。“活”指有源头而常流动的水；“甘”指水略有甘味；“清”指水质洁净透澈；“轻”指分量轻。水源中以泉水为佳，因为泉水大多出自岩石重叠的山峦，污染少；山上植被茂盛，从山岩断层涓涓流出的泉水富含各种对人体有益的微量元素，经过沙石过滤，清澈晶莹，茶的色、香、味可以得到最大的发挥。太极茶道根据经验证明用雨水泡茶活性最佳，渗透性最好，可以发挥茶性，能做到色香味形俱美。因此，太极茶道称雨水为天泉水。历代郑家茶人都用天泉水泡茶，从而赢得了宾客、茶友的持久赞誉。

太极茶道认为泡茶包括三个要素，即茶用量、泡茶水温、冲泡时间。

要泡好茶，还要掌握好茶叶用量，掌握茶与水的比例。茶多水少则味浓，茶少水多则味淡。用茶量的多少因人而异，因地而异。饮茶者是茶人或劳动者，可适当加大茶量，泡上一杯浓香的茶汤；如是脑力劳动者或初学饮茶、无嗜茶习惯的人，可适当少放一些茶，泡上一杯清香醇和的茶汤。茶类不同，用量也不同，倘用乌龙茶，茶叶用量要比一般红、绿茶增加一倍以上，而水的冲泡量却要减少一半。

水的温度不同，茶的色、香、味也不同，泡出的茶汤中所含的成分也不同。温度过高，会破坏茶叶中所含的营养成分，茶所具有的有益物质会遭到破坏，茶汤的颜色不鲜明，味道也不醇厚；温度过低，不能使茶叶中的有效成分充分浸出，称为不完全茶汤，其滋味淡薄，色泽不美。泡茶前烧水时要武火急沸，不要文火慢煮，以刚煮沸起泡为宜。用这样的水泡茶，茶汤、香味皆佳。沸腾过久，茶的鲜爽味便大为逊色；未沸滚的水水温低，茶中有效成分不易泡出，香味轻淡。泡茶水温的高低与茶叶种类及制茶原料密切相关，用粗老原料加工而成的茶叶宜用沸水直接冲泡，用细嫩原料加工而成的茶叶宜用降温以后的沸水冲泡。高档细嫩的名茶一般不用刚烧沸的开水，而是用温度降至 80 度的开水冲泡，这样可使茶汤清澈明亮，香气纯而不钝，滋味鲜而不熟，叶底明而不暗，饮之可口，茶中有益于人体的营养成分也不会遭到破坏。乌龙茶要将茶具烫热后再泡；砖茶用 100 度的沸水冲泡还嫌不够，还要煎煮方能饮用。泡茶水温与茶叶有效物质在水中的溶解度成正比，水温愈高，溶解度愈大，茶汤也就愈浓；相反，水温愈低，溶解度愈小，茶汤就愈淡。古往今来，人们都知道用未沸的水泡茶固然不行，但若用多次回烧以及加热时间过久的开水泡茶会使茶叶产生“熟汤味”，致使口感变差，那是因为水蒸气大量蒸发后的水含有较多的盐类及其他物质，致使茶汤变灰变暗，茶味变得又苦又涩。

茶叶冲泡时间的长短对茶叶有效成分的利用也有很大关系，一般红、绿茶冲泡三至四分钟后饮用味感最佳；时间短则缺少茶汤应有的刺激味；时间长喝起来鲜爽味减弱，苦涩味增加；只有茶叶中的有效物质被沸水泡出来后，茶汤喝起来才有鲜爽醇和之感。细嫩茶叶比粗老茶叶冲泡时间要短些，反之则要长些；松散的茶叶、粉碎的茶叶比紧压的茶叶、完整的茶叶冲泡时间要短些，反之则要长些。对于注重香气的茶叶如乌龙茶、花茶，其冲泡时间不宜太长；而白茶加工时未经揉捻，细胞未遭破坏，茶汁较难浸出，因此冲泡时间相对要长些。通常茶叶冲泡一次，可溶性物质能浸出 55%左右，第二次为 30%，第三次为 10%，第四次只有 1%—3%。茶叶中的营养成分，第一次冲泡时 80%左右被浸出，第二次 95%被浸出，第三次就所剩无几了。头泡茶味香鲜醇，二泡茶浓而不鲜，三泡茶香尽味淡，四泡茶少滋缺味，五泡六泡则近于白开水了。因此说，茶叶还是以冲泡两三次为好，乌龙茶则可泡五次，白茶只能泡两次。其实，任何品种的茶叶都不宜浸泡过久或冲泡次数过多，最好是即泡即饮，否则有益成分会被氧化，不但降低了营养价值，还会泡出有害物质。此外泡茶也不可太浓，浓茶有损胃气。

各类茶叶或重色，或重香，或重味，或重形，泡茶就要有不同的侧重点，以发挥茶的特性。各种名茶本身就是一种特殊的工艺品，色、香、味、形各有千秋，细细品味是一种艺术享受。要真正品出各种茶的味道来，要遵循茶艺的程序，净具、置茶、冲泡、敬茶、赏茶、续水这些步骤都是不可少的。置茶应当用茶匙；冲泡水以七分满为好；水壶下倾上提三次为宜，一是表敬意，二是可使茶水上下翻动，浓度均匀，俗称“凤凰三点头”。敬茶时应避免手指接触杯口。鉴赏名贵茶叶时，冲泡后应先观色，后闻香、尝味、察形。当茶水饮去三分之二时就应续水，如果等到茶水全部饮尽再续水，茶汤就会变得淡而无味。

五、现代茶道种种

（一）北京的茶道

北京人爱饮花茶，北京盖碗茶以花茶也就是北京香片为主要用茶。

北京茶道为了使来宾能品饮到自己喜爱的花茶，特备四种不同的花茶供来宾选择。

北京茶道用具有：印有茶德的绢帕、挂绢帕的挂架、装有四种茶叶的茶罐、盖碗、清水罐、水勺、铜炉、铜壶、水盂。

北京茶道程式如下：

1. 恭迎嘉宾

茶博士致词说："中国是文明古国，是礼仪之邦，又是茶的原产地和茶文化的发祥地。茶陪伴中华民族走过了五千多年的历程。一杯春露暂留客，两腋清风几欲仙。客来敬茶是中华民族的优良传统。今天，我们用北京盖碗茶为大家敬上一式东方名茶，祝愿大家度过一段美好的时光。"

2. 敬宣茶德

茶博士说："中国茶文化集哲学、历史、文学、艺术于一体，是东方艺术宝库中的奇葩。北京茶道可归纳为四项内容：

廉——廉俭育德。茶可以益智明思，促使人们修身养性、冷静从事。所以，茶历来是清廉、勤政、俭约、奋进的象征。

美——美真康乐。饮茶给人们带来味美、汤美、形美、具美、情美、境美，是物质与精神的极大享受。

和——和诚相处。同饮香茗，共话友谊，能使人在和煦的阳光下共享亲情。

敬——敬爱为人。客来敬茶的风俗造就了炎黄子孙尊老爱幼、热爱和平的民族性格。”

3. 精选香茗

茶博士说：“中国茶按发酵程度可分为不发酵茶、半发酵茶和全发酵茶。北方人喜爱的花茶属于绿茶的再加工茶，又称香片。窨制香片常用茉莉花、兰花、代代花、桂花等。窨制花茶要在三伏天进行，因为三伏天的茉莉花香气最浓。今天，我们准备了茉莉毛峰、茉莉珍螺、茉莉春毫、牡丹绣球四样香片供来宾选用。”

4. 理火烹泉

5. 鉴赏甘霖

茶博士说：“好茶要用好水泡，这是爱茶人的古训。现实生活中，用泉水、纯净水等泡茶，效果也较好。古都北京有不少名泉，如延庆的珍珠泉、卧佛寺的水源头、八大处的龙泉等。今天，我们为来宾汲取了大觉寺的龙潭泉水，这种水硬度只有 3 度，碳酸钙含量低。用这种软水泡茶，可使茶中的有效成分充分浸出，茶汤明亮透彻，滋味鲜活干爽。”

6. 摆盏备具

茶博士说：“自西周起，茶具就从食器中分离出来，成为我国器皿中的佼佼者。这也从侧面证明了中华民族自古以来对茶的崇敬。饮茶文化推动了中国陶瓷业的发展，精美的陶瓷具又升华了中国的饮茶文化。陶瓷器和茶成为代表美丽东方的一对孪生姐妹，享誉全球。选用茶具要因茶而异，沏泡花茶要用盖碗。加盖有利于保持香气和清洁；茶碗呈喇叭形，可使饮茶人清楚地看到茶叶在碗中的形态；碗底浅可使饮茶人及时品尝到碗根处的浓酽茶汤；碗托可以护手，又可保温，更显示出古都茶文化的考究与尊严。盖、碗、托三位一体，象征天、地、人不可分离。”

7. 流云拂月

茶博士说：“有了好茶好水好茶具，还要讲究冲泡技艺。温盏是泡茶的重要步骤，可以给碗升温，有利于茶汁的迅速浸出。”

8. 执权投茶

茶博士说："北京盖碗茶讲究香醇浓酽，每碗可放干茶叶 3 克。投茶时，可遵照五行学说，按木、火、土、金、水五个方位一一投入，不违背茶的圣洁物性，以祈求经人类带来更多的幸福。"

9. 云龙泻瀑

茶博士说："泡茶的水温因茶而异，冲泡花茶要用沸水。先注水少许，温润茶芽，然后再悬壶高冲，使茶叶在杯中上下翻腾，加速其溶解，一般注水七成为宜。"

10. 初奉香茗

茶博士说："千里不同风，百里不同俗。中国是一个多民族的大家庭，饮茶习俗各不相同，各有千秋。江浙一带喜欢以绿茶待客；广东、福建、台湾则爱用乌龙茶、普洱茶。富有民族特点的还有蒙古的奶茶、云南的三道茶、湖南的擂茶等，真是五彩纷呈，美不胜收。今天，为来宾奉上茉莉珍螺茶，请品尝。"

11. 陶然沁芳

茶博士说："在饮用盖碗茶时，要用左手托住盏托，右手拿起碗盖，轻轻拂动茶汤表面，使茶汤上下均匀。待香气充分发挥后，开始闻香、观色，然后缓啜三口。三口方知味，三番才动心，之后便可随意细品了。"

12. 泉入龙潭

13. 品评江山

茶博士说："评茶的方法有眼观、鼻嗅、口尝。茶的品味各不相同，花茶以形整、色翠、香气浓酽为好。"

14. 百味凝春

茶博士说："在品饮之间佐以茶食，能更好地体会茶的韵味。今天，我们准备了茶点，雅号凝

春，请来宾品尝。”

15. 重酌酽香

茶博士说：“茶要趁热连饮。当客人杯中尚余三分之一左右的茶汤时，主人就应及时添注热水。”

16. 再识佳韵

茶博士说：“品饮花茶以第二泡的滋味最好，因茶中的有效成分已基本上充分浸出，故此时茶叶香酽浓郁，回味无穷。好花茶可以冲泡三开，三开以后茶味已淡，不再续饮。”

17. 即兴诵章

茶博士说：“茶能清诗思，助诗兴。几千年来，古人留下了几千首茶诗，今人的茶诗也日见增多。在此，我们共同欣赏一首著名茶诗——唐代卢仝的《七碗茶歌》：‘一碗喉吻润，两碗破孤闷。三碗搜枯肠，唯有文字五千卷。四碗发清汗，平生不平事，全向毛孔散。五碗肌骨轻，六碗通仙灵。七碗吃不得也，唯觉两腋习习清风生。’”

18. 书画会赏

茶博士说：“茶圣陆羽也有一首著名的茶诗《六羡歌》，抄录于今天这幅《陆羽品茗图》上。此画出自陆羽故里湖北天门志清和尚之手。也许是陆羽24岁离家后再也没有回去过的缘故吧，天门人民心中的陆羽如画中所绘——永远是年轻的。”

19. 尽杯谢茶

20. 嘉叶酬宾

茶博士说：“为了向来宾表示敬意，我们特向来宾代表奉上一些茶叶，请笑纳。”

21. 洁具收盏

22. 茶仓归一

茶博士说：“道家认为万物的一生一灭都遵循着‘道’的规律，中国茶人自唐代开始就提出了‘茶道’的概念。古今茶人常把温盏、投茶、沏泡、品饮、收杯、洁具、复归视为一次与大自然亲近融合的历程，是茶道精神的体现。”

23. 再宣茶德

24. 致谢话别

（二）武夷山的功夫茶道

功夫茶道二十七道程序：

1. 恭请上座：客在上位，主人或侍茶客沏茶，或持壶斟茶待客。

2. 焚香静气：焚点檀香，造就幽静、平和的气氛。

3. 丝竹和鸣：轻播古典民乐，使品茶者进入品茶的精神境界。

4. 叶嘉酬宾：出示武夷岩茶让客人观赏。“叶嘉”即苏东坡用拟人手法称呼武夷岩茶之名，意为茶叶嘉美。

5. 活煮山泉：泡茶用山泉之水为上，用活火煮到初沸为宜。

6. 孟臣沐霖：即烫洗茶壶。孟臣是明代紫砂壶制作名家，后人将名贵茶壶称为孟臣。

7. 乌龙入宫：把乌龙茶放入紫砂壶内。

8. 悬壶高冲：把盛开水的长嘴壶高提冲水，高冲可使茶叶翻动。

9. 春风拂面：用壶盖轻轻刮去茶汤表面泡沫，使茶叶清新洁净。

10. 重洗仙颜：用开水浇淋茶壶，既可洗净壶之外表，又可提高壶温。“重洗仙颜”原为武夷山一石刻之名。

11. 若琛出浴：即烫洗茶杯。若琛为清代初年人，以善制茶杯出名，后人把名贵茶杯称为若琛。

12. 玉液回壶：把已泡出的茶水倒出，再倒回壶内，使茶水更均匀。

13. 关公巡城：依次来回向各杯斟茶。

14. 韩信点兵：壶中茶水剩下少许时，则往各杯点斟茶水。

15. 三龙护鼎：用拇指、食指扶杯，中指顶杯，此法既稳当又雅观。

16. 鉴赏三色：认真观看茶水在杯里上中下的三种颜色。

17. 喜闻幽香：嗅闻岩茶的香味。

18. 初品奇茗：观色、闻香后开始品茶。

19. 再斟兰芷：即斟第二道茶，“兰芷”泛指岩茶，源于宋代范仲淹“斗茶香兮薄兰芷”之句。

20. 品啜甘露：细致地品尝岩茶，“甘露”指岩茶。

21. 三斟石乳：即斟三道茶。“石乳”为元代岩茶之名。

22. 领略岩韵：慢慢地领悟岩茶的韵味。

23. 敬献茶点：奉上品茶之点心，一般以咸味为佳，因其不易掩盖茶味。

24. 自斟慢饮：听任客人自斟自饮，尝用茶点，进一步领略情趣。

25. 欣赏歌舞：茶歌舞大多取材于武夷茶民的活动。如果是三五朋友品茶时，可以吟诗唱和。

26. 游龙戏水：选一根条索紧致的干茶放入杯中，斟满茶水，恍若乌龙戏水，观之自然成趣。

27. 尽杯谢茶：起身喝尽杯中之茶，感谢山人栽树制茗的恩典。

功夫茶所用的茶叶只限于半发酵的福建岩茶、溪茶和潮汕凤凰山的水仙等，均为青茶类。中国的其他茶类如红茶、绿茶、砖茶、花茶、白茶等是不适合的，用功夫茶的冲法，这些茶往往苦涩，不堪入口，只有半发酵的青茶才行。

功夫茶最好用福建的乌龙茶，即闽北武夷山的岩茶和闽南的溪茶。岩茶为闽北所产，铁观音主要产于闽南安溪，故又称溪茶。

潮汕的凤凰山也产茶叶，属半发酵的青茶，也是功夫茶用茶，其名茶有水仙，俗称鸟嘴茶。凤凰山茶也是我国的名茶之一，茶粒较大，茶色黄褐，香气清馥，滋味浓醇。

台湾乌龙茶有文山包种茶、冻顶乌龙茶、木栅铁观音、白毫乌龙茶及高山乌龙茶等。

（三）瑜伽茶道

“瑜伽茶道”是依据中国传统茶道，参照中国禅宗茶道、台湾无我茶道，结合瑜伽的理念与精神编创而成的，已经得到国际瑜伽协会的认证，并获得国家知识产权的保护，正在全球推广。

1. 用具

(1) 茶具若干套，套数等于茶会所有人数除以六，如二十四人则四套，如二十八人可备五套。每套茶具中包括茶池、茶壶、公道杯、茶盏八只、闻香杯八只、滤网（含滤网架）、茶匙、奉茶盘一只（可放八只茶盏）、茶帕。另外，要各配煮水器具一组或小巧暖水瓶一只。

(2) 茶席若干，与茶具数量相同，高度以主泡者席地而坐时的适宜高度为准。

(3) 茶托若干，长方形，木、竹、陶制均可，大小以摆放两个茶杯为宜，数量与与会人数相等。

(4) 其他用具有瑜伽垫，数量和与会人数相同，条件不具备者，此项可免；有软垫，为高两寸、边长四五十公分的方形软垫，数量和与会人数相同；悠扬清雅的瑜伽音乐或茶乐播放设备。

2. 茶类不限，以绿茶为佳，以铁观音为最佳，以云南普洱茶为瑜伽特色茶。

3. 场地与布局

(1) 场地可以在瑜伽会堂（馆）内或茶室内，也可以在室外环境优雅之处。

(2) 场地布局分茶席、客位两部分：茶席在前端，将茶席一字排列；客席在主席对面，以中线分左右两边，中间留出宽两米左右的通道；左右客席各以瑜伽垫横向连接一

字排列，如人数众多，可增加行数。瑜伽垫中央放置软垫。

(3) 客席人员在瑜伽垫中央软垫就坐，左右人员相对。

(4) 每个客席人员面前紧靠瑜伽垫边沿放置茶托一只。

(5) 每个座位有明显的数字编号标志。

4. 规则

(1) 与会人员分瑜伽习练者（会员）与特约客人两类，前者须身着瑜伽宽松大方之练功服。

⑵ 人员分瑜伽会员与特约客人两组，客人在先、瑜伽会员在后，按入场先后依序入座，不分男女老少，也不分身份地位，一律平等按序入座。

⑶ 茶席主泡由在场瑜伽会员中产生，按座位号顺序依次上场。

⑷ 主持人一名，立于茶席中间。

5. 流程与技法

⑴ 主持人介绍与会嘉宾与茶会规则。

⑵ 播放瑜伽音乐，会员集体随音乐做瑜伽体位（初级）拜日一至三遍，主泡则备水泡茶。

⑶ 每个茶席各泡茶一壶，分别斟于八个香杯中，并分别以茶盏盖之（茶盏在上、香杯在下），一杯自留，其余放置奉茶盘内。

⑷ 茶席人员同步，双手捧托盘到茶席前排成一行，同时完成如下程序：

①增延脊柱伸展（前屈）式：双脚并立，仿前屈式将奉茶盘放置脚前方；

②致礼：起身直立、双手合于胸前，躬身向客席所有人员行礼；

③专注（树式）：直身，双手自胸前向左右平展，同时掌心向上结智慧印，双腿仿树式，眼光聚焦，专注于正前方一点，双手自两侧向上在头顶变智慧印为合掌，保持数秒；

④供天（新月式）：双脚并立，双手回到胸前，弯腰再仿前屈式，双手指尖

触地，同时一只脚后撤，仿新月（奔马）式；然后双手取一杯茶，一边上下翻转（香杯在上、茶盏在下），一边平端至胸前，头颈后仰，双手端杯垂直向上，保持五秒左右；

⑤敬地（前屈式）：保持奔马式，双手端杯向前向下，上身随之前倾，放杯于地，双手分开掌心朝前，结智慧印，中指触地，保持五秒；

⑥奉人：收脚并立，双手端茶，起身直立，将茶端至胸前，再向前平伸划半圆示众。（主持人端茶盘前来将所有茶杯接走，置于台前适当位置）。

⑦奉客（行茶）：弯腰双手平端奉茶盘与胸平，直身静立片刻，开始行茶。行茶规则：主泡分别从两侧客席左右两头按序奉茶，不可乱序或缺漏；行茶时心里不要有任何杂念，只一心关照茶盘，调匀呼吸和步伐，慢步而行；行步时，双脚平行，脚步平起平移平落，每一步都要轻快而平实，充满尊贵祥和与平静。如此缓走到客席面前，缓缓止身，并足弯腰（仿前屈式），将奉茶盘摆在客席托盘前，端起其中一杯置于客席前托盘上，并将双手掌心向上结智慧印，示意客人请茶，客人以合掌回敬。奉茶后端起茶盘缓缓起身，直立，转向，再依次走向其他客席，如前奉茶。

⑧回席品茗：奉茶完毕，以上述同样行茶步法回到茶席，与客人同品第一杯茶。第一杯茶品茗规则：首先提取闻香杯，嗅香并辅以瑜伽深呼吸（完全呼吸）一至三次，然后端茶品之。

(5) 第二杯茶：主持人宣布第二杯茶开始，并宣布轮换客席号，请该号人员带上自己的茶盏（闻香杯留下）走向茶席；茶席人员也带上茶盏迎上前，双方互行躬身礼，互换席位。

第二杯茶直接用公道杯，以茶盘垫上茶帕，端公道杯行茶，行茶、奉茶规则同上。

(6) 第三杯茶及后续茶：流程及规则同“第二杯茶”，至

最后一人奉茶完毕止。

(7) 默坐观想10至15分钟，用瑜伽冥想音乐配合。

(8) 谢茶：主持人引导客人双手合掌，齐声念诵“噢□——”，反复三次而止。

(9) 茶会结束。

6. 注意事项：

(1) 客席人员除接茶、品茶之外，均宜放松默坐，感受场内的温馨与宁静。

(2) 茶会规则纯熟后，便无须主持人，一切均以默契及音乐引导进行。

(3) 茶会结束后，若众人意犹未尽，可辅以座谈交流，或加做集体体位(拜日)，或进行瑜伽技艺表演，互相切磋。

(4) 以上流程为通用约定，根据参与人数、身份之不同，可在上述流程基础上加以变通。

(四) 大众茶道

大众茶道讲究理趣并存，讲究形神兼备。其程序分为：备茶、赏茶、置茶、冲泡、奉茶、品茶、续水、收具。

1. 备茶

以茶待客要选用好茶。所谓好茶，一方面是指茶叶的品质，应选上等的好茶待客。运用茶艺师所掌握的茶叶审评知识，通过人的视觉、嗅觉、味觉和触觉来审评茶的外形、色泽、香气、滋味、汤色和叶底，判断、选择品质最优的茶叶献给客人。另一方面，择茶要根据客人的喜好来选择茶叶的品种，同时也要根据客人口味的浓淡来调整茶汤的浓度。一般待客时可通过事先的了解或当场的询问了解对方的喜好。同时，作为茶艺师也要根据客人情况的不同有选择地推荐茶叶。如女士可选择有减肥、美容功能的乌龙茶，男士可推荐降血脂效

果显著的普洱茶。同时，为了顺应四季的变化，增加饮茶的情趣，也可根据季节选择茶叶，如春季饮花茶，万物复苏，花茶香气浓郁，充满春天的气息。夏天饮绿茶，消暑止渴，同时，绿茶以新为贵，也应及早饮用。秋季饮乌龙茶，乌龙茶不寒不温，介于红茶和绿茶之间，香气迷人，有助于消化。冲泡过程充满情趣，而且耐泡。在丰收的季节里，适于家庭团圆时饮用。冬季饮红茶，红茶味甘性温，能驱寒气，可增加营养，有暖胃的功能。同时，红茶可调饮，充满浪漫气息。

茶艺师择茶后，要将茶叶产地、品质特色、名茶文化及冲泡要点介绍给客人，以便客人更好地赏茶、品茶，在得到物质享受的同时也能得到精神上的熏陶。

2. 置茶

在杯中放置茶叶有三种方法：一般先放茶叶，后冲入沸水，此为下投法；沸水冲入杯中约三分之一时再放入茶叶，浸泡一定时间后再冲满水，此为中投法；在杯中冲满沸水后再放茶叶，此为上投法。茶叶种类不同，因其外形、质地、比重、品质及成分浸出率不同，应有不同的投茶法。对身骨重，条索紧，芽叶嫩，香味高，并对茶汤的香气和茶汤色泽均有要求的各类名茶，可采用上投法；茶叶的条索松，比重轻，不易沉入茶汤中的茶叶，宜用下投法或中投法。随着季节的不同，可以秋季中投，夏季上投，冬季下投。

3. 润茶

沏泡前最好先润茶，一为提高茶叶温度，使其接近沏茶的水温而提高茶汤的质量；二有利于鉴赏茶叶香气，有利于鉴别茶叶品质之优劣。方法是将茶壶或茶杯温热并放入茶叶后，即用温度适宜的沏茶水按逆时针旋转方式倒水注入壶或杯中，一俟茶叶湿透后即要停注，随即将盖盖上，将壶杯中的茶水立即倒掉，这时壶或杯中的茶叶已吸收了热量与水分，使原来

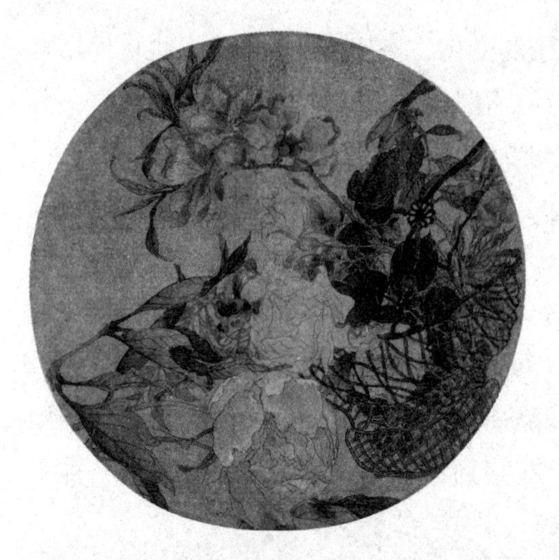

的干茶变成了含苞待放的湿茶，品茶者就可以欣赏茶叶的汤前香了。此即沏茶方法中的温润泡法。温润泡法较适宜于焙火稍重的茶或陈茶、老茶，如果是焙火轻、香气重的茶叶，则沏泡时动作要快，以保持茶叶香气的鉴赏。

4. 冲泡

在泡茶过程中，身体要保持良好的姿势，头要正，肩要平，动作过程中眼神与动作要和谐自然。在泡茶过程中，要沉肩、垂肘、提腕，要用手腕的起伏带动手的动作，切忌肘部高高抬起。在冲泡过程中，左右手要尽量交替进行，不可总用一只手去完成所有动作，并且左右手尽量不要有交叉动作。冲泡时要掌握高冲低斟的原则，即冲水时可悬壶高冲，或根据泡茶的需要采用各种手法。将茶汤倒出时，一定要压低泡茶器，使茶汤尽量减少在空气中的时间，以保持茶汤的温度和香气。

5. 奉茶

由于中国南北待客礼俗各不相同，因此可以不拘一格。常用的奉茶方法是在客人左边用左手端茶奉上，而客人则用右手伸掌姿势答礼；或从客人正面双手奉上，用手势表示请用，客人同样用手势答礼，宾主都用右手伸掌作请的姿势。奉茶时要注意先后顺序，先长后幼，先客后主。斟茶时不宜太满，“茶满欺客，酒满心实”是中国风俗，必须切记。俗话说：“茶倒七分满，留下三分是情分。”这既表明了宾主之间的良好感情，也是出于安全的考虑。七分满的茶杯非常好端，不易烫手。在奉有柄的茶杯时，一定要注意杯柄的方向是客人的顺手方向，利于客人用右手拿茶杯的柄。

6. 品茶

品茶包括四个内容：一审茶名，知其来源；二闻茶香，包括干茶和茶汤；三观茶汤色泽，包括干茶和茶汤；四尝滋味。茶叶的名称是茶文化的一部分，俗话说：“茶叶学到老，茶名记不了。”茶叶名称有的源于产地，有的源于传说，值得品味。欣赏干茶，即在选茶后对茶加以欣赏，包括茶的产地、有关茶

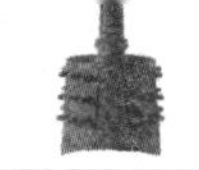

的传说故事、有关茶的诗词等文化内容，也包括茶的外形、色泽、香气等品质特征的鉴赏。二闻茶香，无盖茶杯可直接闻到茶汤飘逸出来的香气；如用盖杯、盖碗，则可去盖闻香。温嗅主要评比香气的高低、类型、清浊；冷嗅主要看其香的持久程度。三观茶汤色泽，茶汤色泽因茶而异，即使是同一种茶类，茶汤色泽也各有特色，不尽相同。绿茶茶汤翠绿清澈；红茶茶汤红艳明亮；乌龙茶茶汤黄亮浓艳。四尝滋味，要小口喝茶，细品其味。方法是使茶汤从舌尖到舌两侧再到舌根，可辨绿茶的鲜爽、红茶的浓甘，同时也可在尝味时再体会一下茶的茶气。茶叶中鲜味物质主要是氨基酸类物质，苦味物质是咖啡碱，涩味物质是多酚类，甜味物质是可溶性糖。红茶制造过程中多酚类的氧化产物有茶黄素和茶红素，其中茶黄素是汤味刺激性和鲜爽的重要成分，茶红素是汤味中甜醇的主要因素。品茶时也要注重精神享受，不光是品尝茶的滋味。在了解有关茶的知识和文化的同时，要提高品茶者的自身修养，增进茶友之间的感情，这才是茶道。

7. 续水

茶的冲泡次数要掌握一定的度，一般茶叶在冲泡三次之后就基本上无茶汁了。根据测定，头泡茶汤含水浸出物总量的 50%；二开茶汤含水浸出物总量的 30%；三开茶汤含水浸出物总量的 10%；而四开茶汤仅为 1%—3%。因为茶叶中的微量元素往往最后才被泡出，所以茶叶经反复冲泡后，会使茶叶中的有害成分被浸出而有害人体健康，如茶叶中的微量元素镉、铬等有害因素；茶中的铜、锌含量过多，对人体也有副作用；茶中的草酸或钙含量过多，也易堆积在人体内，形成草酸钙结石等。

沏茶时，无论绿茶、红茶、乌龙茶、花茶，均采用多次冲泡法，一般以冲泡三次为宜，以充分利用茶叶中的有效成分。但沏茶次数过多，则茶汤色淡，已无营养成分，反而有害人体健康。

8. 收具

做事要有始有终，茶道的最后一项工作就是清洗茶具，可在客人离开后进行。

收具要及时有序，

清洗要干净，不能留有茶渍，并且要及时进行消毒处理。

（五）无我茶道

“无我茶道”是台湾大众茶道，受到广泛的赞誉。

无我茶道认为人类的物质越趋丰富，人心就越易浑浊；只重视知识的培养，心灵的源泉会渐渐干涸空虚。因此，为了精神上的充实，为了人与人之间的和谐平等，为了探求生活的本质，为了保留心灵反省的空间，无我茶道应运而生。

无我茶道是一种爱茶人皆可报名参加的茶会形式，不计参加者的地位、身份，不讲所用茶具的贵贱，不问所泡茶叶的优劣，人人泡茶，又人人喝茶。

无我茶道认为人与人之间的地位是平等的，人和万物都是无常的。人类的一切妄想都是毫无意义的，消灭了这些妄想就能达到清静的境界。无我茶道试图通过饮茶这种看似简单的形式，使人们步入清静的境界。

无我茶道讲究自然与和谐，茶道举办前要发一个公告，告知茶道时间与座位安排，告知新参加者应注意的事项。对每位参加者来说没有主次、贵贱之分，座位靠抽签决定。自己泡的茶分给左边的人，而自己喝的茶是右边送来的，人与人之间不论是熟悉还是陌生，不论性别是男还是女，不论年龄是长还是幼，不论地位是高还是低，不问姓名，不问尊卑。

每个人带的都是自己最喜爱的茶具和最好的茶叶。无我茶道使用的茶具比起茶馆或家庭泡茶时用的要简单，主要是一只壶和四只杯子。泡茶的水要装在保温瓶中，需要自备。另外，还要准备一块茶巾和一个茶盘，茶叶可装在小罐中，也可放在壶中，只要够冲泡一壶的量即可。

无我茶道的程序：

每个人按号码找到自己的位置后，或坐、或跪，将茶具摆在自己面前。在茶道进行期间，没有指挥，也无人说话，每个人都在精心地冲泡自己壶中的茶。泡茶的速度大致有个约定，因此泡茶的时间也大体相同。一壶茶泡好后，分别斟在四个杯子里，一杯留给自己，其余三杯置于茶盘中，起身向自己左边的三位茶友分别奉茶。同时，自己右边的三位茶友，也会将他们泡好的茶分别送给你。待三杯茶都送齐后，可以自品自饮。这样，每一个人都能品尝到除自己泡的茶外的三杯不同的茶。第二泡时也是如此，只是这次奉茶是将茶注入茶盅，端着茶盅前去奉茶，仍是自己左边的三位，最后一盅留给自己。如此奉完约定的泡数，分别到左边三位处取回自己的杯子，然后收拾好茶具，静听茶道音乐，使身心彻底放松。音乐结束，茶道也就结束了。

茶道结束后，可以交流感受，切磋茶艺，但不鼓励与他人互换茶具。因为，参加茶道的人所带的茶具都是自己的最爱，如果交换，会让对方为难，夺人所爱，为茶人所不取。茶会一切安排都是质朴简洁的，人们在这种质朴的状态下，可以尽情地找回内心的洁净。返璞归真是现代人所缺乏而又渴望的，无我茶道恰恰为人们提供了一个可以返璞归真的环境和氛围。

总之，无我茶道所展现的不单是自我寻求返璞归真的内心需求，更是一个茶人所孜孜以求的“和”与“敬”的境界。人们可以共享人与人之间的和谐与尊敬，共享人类的朴素亲情及天地间的永恒乐趣。这是“人人为我、我为人人”之道，可以广结善缘，认识更多的朋友。

（六）禅宗茶道

中国茶道自创始之日起，便与佛教有着千丝万缕的联系。禅宗茶道的每道程序都源自佛典，启迪佛性，昭示佛理。禅宗茶道最适于修身养性，强身健体。禅宗茶道共有十八道程序，能让人放下世俗烦恼抛却名利之心，以平和虚静领略人生真谛。

1. 用具

炭炉一、陶制水壶一、兔毫盏

若干、茶洗一、泡壶一、香炉一、香三支、木鱼一、磬一、茶道用具一套、茶巾一、佛教音乐磁带或光盘、音响一套、铁观音10至15克。

2. 基本程序

(1) 礼佛：焚香合掌

同时播放《赞佛曲》《心经》《戒定真香》《三皈依》等梵乐或梵唱，让优雅、庄严、平和的佛界音乐像一只温柔的手把人心引到虚无缥缈的境界，使人们烦躁不宁之心平静下来。

(2) 调息：达摩面壁

达摩面壁是指禅宗初祖菩提达摩在嵩山少林寺面壁坐禅的故事。面壁时助手可伴随佛乐有节奏地敲打木鱼和磬，进一步营造祥和肃穆的气氛。主泡者应指导客人随着佛教音乐静坐调息。静坐的姿势以佛门七支坐法为最好。所谓七支坐法，是指在静坐时肢体应注意七个要点：

其一，双足跏趺，也称双盘足，如果不能双盘也可单盘。左足放在右足上面，叫做如意坐。右足放在左足上面，叫做金刚坐。开始习坐时，有的人如果连单盘也做不了时，可以把双腿交叉架住即可。

其二，脊梁笔直竖起，使背脊的每个骨节都如算盘珠子叠在一起一样，肌肉要放松。

其三，左右两手平放在丹田下面，两手手心向上，把右手背平放在左手心上面，两个大拇指轻轻相抵，这叫“结手印”也叫“三昧印”或“定印”。

其四，两肩稍微张开，平整适度，不可沉肩弯背。

其五，头要正，后脑稍微向后收放，前额内收而不低头。

其六，双目似闭还开，视若无睹，目光可定在座前七八尺处。

其七，舌头轻抵上腭，面部微带笑容，全身神经与肌肉都要自然放松。

在佛教音乐中保持这种静坐的姿势10至15分钟。

静坐时应配有坐垫，厚约两三寸。如果配有椅子，也可正襟危坐。

(3) 煮水：丹霞烧佛

在调息静坐时，一名助手开始生火烧水，称为“丹霞烧佛”。

“丹霞烧佛”典故出于《祖堂集》卷四。据载，丹霞天然禅师于惠林寺遇到天寒，就把佛像劈了烧火取暖。寺中主人讥讽他，禅师说：“我焚佛像是在寻求舍利子。”主人说：“这是木头的，哪有什么舍利子？”禅师说：“既然是这样，我烧的是木头，为什么还责怪我呢？”寺主人听了，无言以对。“丹霞烧佛”时要注意观察火相，从燃烧的火焰中去感悟人生的短促及生命的辉煌。

(4) 候汤：法海听潮

佛教认为“一粒粟中藏世界，半升铛内煮山川”，小中可以见大，候汤时从水的初沸、鼎沸声中，我们仿佛听到了佛法大海的涌潮声而有所感悟。

(5) 洗杯：法轮常转

“法轮常转”典故出于《五灯会元》卷二十，说释迦牟尼于鹿野苑中初成正觉，转四谛法轮，为最初悟道。法轮喻指佛法，而佛法就在日常平凡的生活琐事之中。洗杯时眼前转的是杯子，心中动的是佛法。洗杯的目的是使茶杯洁净无尘，学习佛法的目的是使心中洁净无尘。在转动杯子洗杯时，可随杯子转动而心动悟道。

(6) 烫壶：香汤浴佛

佛教最大的节日有两个，一是四月初八的佛诞日，二是七月十五的自恣日，这两天都叫“佛欢喜日”。在佛诞日举行“浴佛法会”，僧侣及信徒们要用香汤沐浴释迦牟尼佛像。我们用开水烫洗茶壶称之为“香汤浴佛”，表示佛无处不在。

(7) 赏茶：佛祖拈花

“佛祖拈花微笑”典故出于《五灯会元》卷一。据载：世尊在灵山会上拈花示众，众皆默然，唯迦叶尊者破颜微笑。世尊说：“吾有正法眼藏，涅槃妙心，实相无相，微妙法门，不立文字，教外别传，付嘱摩柯迦叶。”世尊即释迦牟尼。我们借助“佛祖拈

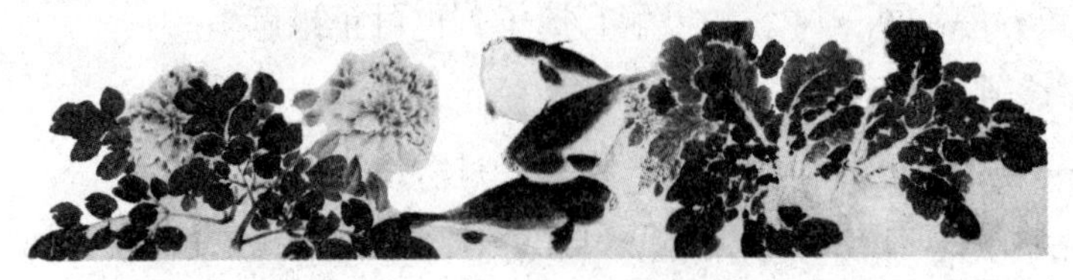

花”这道程序向客人展示茶叶，也暗喻客人像摩柯迦叶一样，个个都是聪明的悟道之人。

(8) 投茶：菩萨入狱

地藏王是佛教四大菩萨之一。据佛典记载：为了救度众生，救度鬼魂，地藏王菩萨说：“我不下地狱，谁下地狱?”又说：“地狱中只要还有一个鬼，我永不成佛。”投茶入壶，如菩萨入狱，赴汤蹈火，泡出的茶水可提振万民精神，如菩萨救度众生。在这里茶性与佛理是相通的。

(9) 冲水：漫天法雨

佛法无边，润泽众生，泡茶冲水如漫天法雨降下，使人如“醍醐灌顶”，由迷达悟。壶中升起的热气如慈云氤氲，使人如沐春风，心萌善念。

(10) 洗茶：万流归宗

五台山著名的金阁寺有一副对联：

一尘不染清净地，

万善同归般若门。

茶本洁净，仍然要洗，追求的是一尘不染。佛教传到中国后，各门各派追求的都是大悟大彻，“万流归宗”归的都是般若之门。般若是梵语音译词，即无量智慧，具有此智慧便可成佛。

(11) 泡茶：涵盖乾坤

“涵盖乾坤”典故出于《五灯会元》卷十八，惠泉禅师说昔日云门有三句，谓涵盖乾坤句，截断众流句，随波逐浪句。这三句是云门宗的三要义，涵盖乾坤意谓佛性处处存在，包容一切，万事万物无不是佛法，在小小的茶壶中也蕴藏着博大精深的佛理和禅机。

(12) 分茶：偃溪水声

“偃溪水声”典故出于《景德传灯录》卷十八。据载，有人问师备禅师：“学人初入禅林，请大师指点门径。”师备禅师说：“你听到偃溪流水声了吗?”来人答道：“听到了。”师备告诉他说：“这就是你悟道的入门途径。”禅宗茶道讲究壶中尽是三千功德水，分茶细听偃溪流水声。斟茶之声正如偃溪水声，

可以启人心智，警醒心性，助人悟道。

（13）敬茶：普度众生

禅宗六祖慧能说："佛法在世间，不离世间觉，离世求菩提，恰似觅兔角。"菩萨是梵语的略称，全称应为菩提萨陲。菩提是觉悟，萨陲是有情。菩萨是上求大悟大觉——成佛；下求有情——普度众生。敬茶意在以茶为媒体，使客人从茶的苦涩中品出人生百味，达到大彻大悟，得到大智大慧，故称之为"普度众生"。

（14）闻香：五气朝元

五气朝元指做深呼吸，尽量多吸入茶的香气，并使茶香直达颅门，反复数次，有益于健康。

（15）观色：曹溪观水

曹溪是地名，在今广东曲江县双峰山下。唐高宗仪凤二年（677年），六祖慧能曾任曹溪宝林寺住持，此后曹溪被历代禅者视为禅宗祖庭。曹溪水喻指禅法。《密庵语录》载："凭听一滴曹溪水，散作皇都内苑春。"观赏茶汤色泽称之为"曹溪观水"，暗喻要从深层次去看世界。

（16）品茶：随波逐浪

"随波逐浪"典故出于《五灯会元》卷十五，是"云门三句"中的第三句，为云门宗接引学人的一个原则，即随缘接物，随波逐浪。品茶也要随缘接物，自由自在地去体悟茶中百味，对苦涩不厌憎，对甘爽不偏爱。只有这样，品茶才能心性闲适，豁达洒脱，才能从茶水中品悟出禅机佛理。

（17）回味：圆通妙觉

圆通妙觉即大彻大悟。品茶后，对前边的十六道程序再细细回味，便会有"有感即通，千杯茶映千杯月；圆通妙觉，万里云托万里天"之感，心变得开阔了。乾隆皇帝登上五台山菩萨顶时，曾写道："性相真如华海水，圆通妙觉法轮铃。"这是他登

山的体会，我们稍做改动：“性相真如杯中水，圆通妙觉烹茶声。”这是品茶的绝妙感受。佛法佛理就在日常最平凡的生活琐事之中，佛性就在我们自身心里。

（18）谢茶：再吃茶去

饮罢茶要谢茶，谢茶是为了相约再品茶。茶要常饮，禅要常参，性要常养，身要常修。中国佛教协会会长赵朴初先生曾说：“七碗受至味，一壶得真趣。空持百千偈，不如吃茶去！”

综上所述，茶是大自然赐给人类的丰盛礼物，茶道是祖先留给我们的宝贵遗产和精神财富，让我们虔诚地继承它，精心地呵护它！

古代茶具与紫砂艺术

古人重视品茶，使用茶具也很考究。茶具的好坏，对茶汤的质量和品饮者的心情有直接影响。中国古代茶具种类丰富，历史源远流长，是人类共享的艺术珍品。各个时期的茶具精品折射出古代人类饮茶文化的灿烂，也反映了中华民族历代饮茶史的全貌。茶与茶文化在漫长的历史长河中如同璀璨的星辰熠熠生辉。

一、古代茶具概说

（一）茶具概况

我国是世界上最早发现和利用茶叶的国家。在人类历史发展的长河中，茶一直伴随着勤劳勇敢的炎黄子孙，从原始社会走向文明的现代社会。

古人重视品茶，使用茶具也很考究。茶具的好坏，对茶汤的质量和品饮者的心情有直接影响。中国古代茶具种类丰富，历史源远流长，是人类共享的艺术珍品。各个时期的茶具精品折射出古代人类饮茶文化的灿烂，也反映了中华民族历代饮茶史的全貌。茶与茶文化在漫长的历史长河中如同璀璨的星辰熠熠生辉。

“茶具”一词最早出现在汉代，西汉辞赋家王褒在《僮约》中有“烹茶尽具，餔已盖藏”之说。至唐代，“茶具”在文人墨客的作品中已十分常见。唐代著名的现实主义诗人白居易在《睡后茶兴忆杨同州》诗中有“此处置绳床，旁边洗茶器”。文学家皮日休在《褚家林亭诗》中也提到“萧疏桂影移茶具”。“茶具”在唐以后的几个朝代里不断地出现在各类书籍、诗画作品中，如《宋史·礼志》记载：“皇帝御紫哀殿，六参官起居北使……是日赐茶器名果。”皇帝将“茶器”作为赐品，可见“茶具”在宋代十分名贵。南宋诗人翁卷写有“一轴黄庭看不厌，诗囊茶器每随身”的名句。元代画家王冕在《吹箫出峡图诗》中有“酒壶茶具船上头”。明末清初的书画家、诗人陈洪绶绘有《品茶图》。由此不难看出，文人笔下尽是茶，茶具已经成为茶文化中不可或缺的重要组成部分。

茶具，又名茶器或汤器，在古代泛指制茶、饮茶使用的各种工具，包括采茶、制茶、贮茶、

饮茶等几大类。陆羽在《茶经》中总结出十四种采茶、制茶的工具。唐代文学家皮日休在《茶具十咏》中共列出十种茶具。相比之下，现代茶具的概念比古代茶具所指的范围小得多。现代茶具已经不再包括采茶、制茶的工具，仅指与泡茶有关的专门器具，主要指饮茶器具。狭义上的茶具指茶杯、茶壶、茶碗、茶盏、茶碟、茶盘等饮茶用具。

在我国历史上，不同时期生产的茶品种不同，因此茶的饮用方式也各不相同。茶具伴随着人们饮茶方式的改变而不断变化。

以唐朝为分界线，人们在唐及唐以前习惯用煎茶法饮茶，茶具包括贮茶、炙茶、碾茶、罗茶、煮茶、饮茶等器具；到了宋朝，人们时兴以点茶法饮茶，因此碾茶、罗茶、候汤、点茶、品茶等器具兴起。元明两朝，人们开始饮用散茶，采用直接冲泡的方式饮茶。这时，茶具逐渐简化，碾茶、罗茶等茶具被淘汰，饮茶的全部器具仅为一把烧水用的壶、一个贮茶的罐和一盏沏茶的盏。

明代许次纾认为："茶滋于水，水借于器，汤成于火，四者相顾，缺一则废。"由此可见，茶具在茶事活动中占有重要地位。好的茶具可以为品茗者带来愉悦舒适的感觉。人们对茶具的总体要求是实用性与艺术性并重，力求有益于茶的汤质，又力求古雅美观。

茶具对茶汤的影响，主要在两个方面：一是表现在茶具颜色对茶汤色泽的衬托。例如青瓷茶具可使茶汤呈绿色（当时茶色偏红）。随着制茶工艺和茶树种植技术的发展，茶的原色在变化，茶具的颜色也随之而变。二是茶具的材料对茶汤滋味和香气的影响，材料除要求坚而耐用外，至少要不损茶质。

茶具的审美价值，体现在茶具的艺术性和观赏性两个方面。一组组精心摆放的茶具犹如引人入胜的静物画，在茶桌上形成一道亮丽的风景。风雅之士，小聚品茗，"松风竹炉，提壶相呼"。精美典雅的茶具，点缀在案几上，清淡吟诗，情趣盎然。

（二）茶具的种类

茶具的种类根据不同的分类标准有多种划分方法。常见的划分标准有按时代划分、按地域划分、按质地划分、按民族划分以及按饮茶方式划分，等等。在这里，我们简单地以质地为标准和以饮茶方式为标准对茶具的种类做一介绍。

1. 以质地为标准

中国茶具，质地多样，造型优美，主要有金属、竹木、瓷器、陶土、漆器、玻璃等，为历代饮茶爱好者所青睐。其中，以陶瓷茶器为主流，几乎各个阶层的人都在使用。

（1）金属茶具

金属茶具是用金、银、铜、锡等金属材料制作的茶具。以锡作为贮茶器具材料有较大的优越性。锡罐多制成小口长颈，盖为筒状，比较密封，因此对防潮、防氧化、防光、防异味都有较好的效果。但因其造价昂贵，一般老百姓无法使用。唐代茶书《十六汤品》中说："以金银为汤器，为富贵者具焉。"

（2）竹木茶具

在古代，竹木茶具因其价廉物美、经济实惠，在广大农村地区，包括产茶区使用甚广。人们使用竹或木碗泡茶。但在现代，使用竹木茶具泡茶的情况已不多见。人们更多地是用木罐、竹罐装茶，特别是作为艺术品的黄阳木罐和二簧竹片茶罐，既是一种馈赠亲友的珍品，也有一定的实用价值。

（3）瓷器茶具

瓷器茶具是使用时间最长、范围最广的茶具。瓷器茶具可分为白瓷茶具、青瓷茶具、黑瓷茶具和彩瓷茶具等。其中，白瓷以景德镇的瓷器最为著名，其他如湖南醴陵、河北唐山、安徽祁门的茶具也各具特色。青瓷的主要

产地在浙江，最流行的一种叫“鸡头流子”的有嘴茶壶。黑瓷兔毫茶盏，风格独特，古朴雅致，而且瓷质厚重，保温性能较好，为斗茶行家所珍爱。彩色茶具的品种花色很多，其中尤以青花瓷茶具最引人注目。青花瓷器的特点是：花纹蓝白相映成趣，有赏心悦目之感；色彩淡雅幽菁可人，有华而不艳之力。加之彩料之上涂釉，显得滋润明亮，更平添了青花茶具的魅力。

(4) 陶器茶具

陶器中的茶具精品颇多，其中首推宜兴紫砂茶具。紫砂茶具出现于北宋初年，流行于明代，并逐渐成为独树一帜的精品茶具。紫砂壶采用当地的紫泥、红泥、团山泥抟制焙烧而成，其里外都不敷釉。紫砂壶和一般的陶器有很大的不同，由于成陶火温高，烧结密致，胎质细腻，既不渗漏，又有肉眼看不见的气孔，经久使用，还能汲附茶汁，蕴蓄茶味；且传热不快，不致烫手；若热天盛茶，不易酸馊；即使冷热剧变，也不会破裂；如有必要，甚至还可直接放在炉灶上煨炖。紫砂茶具造型简练大方，色调淳朴古雅。

(5) 木鱼石茶具

木鱼石是一种非常罕见的空心的石头，又叫“太一余粮”、“禹余粮”、“石中黄子”，俗称“还魂石”，象征着如意吉祥，可护佑众生、辟邪消灾。

木鱼石茶具是指用整块木鱼石作出来的茶具，主要包括茶壶、酒壶、竹节杯、茶叶筒等。木鱼石中含有铀及稀土元素，因此茶具的防腐和通透性好，用其泡茶即便是在酷暑季节，五天内茶水仍可饮用不会变质。

(6) 石雕茶具

石雕茶具的制作，是根据石头的天然特性，设计加工精雕细琢而成。石头具有硬度大、密度强，颜色天然，遇冷遇热不变形、不开裂、不褪色，磨光后不会吸附茶色等优点。所以用石头雕刻制作而成的石雕茶盘，美观大方，经济实用。用石雕茶具品茶，赏心悦目，修身养性。

(7) 漆器茶具

据史料记载，漆器茶具出现于清代，主要产于福建福州一带。福州生产的漆器茶具多姿多彩，有“宝砂闪光”、“金丝玛瑙”、“釉变金丝”、“仿古瓷”、“雕填”、“高雕”和“嵌白银”等品种，特别是创造了红如宝石的“赤金砂”和“暗花”等新工艺以后，更加鲜丽夺目，惹人喜爱。漆器茶具中较有名的有北京雕漆茶具、福州脱胎茶具、江西鄱阳等地生产的脱胎漆器等，均具有独特的艺术魅力。

(8) 玻璃茶具

在现代，玻璃器皿有较大的发展。玻璃质地透明、光泽夺目，外形可塑性大，形态各异，用途广泛。玻璃杯泡茶，茶汤的鲜艳色泽，茶叶的细嫩柔软，茶叶在整个冲泡过程中的上下穿动，叶片的逐渐舒展等，可以一览无余，可以说是一种动态的艺术欣赏。特别是冲泡各类名茶，茶具晶莹剔透，杯中轻雾缥缈，澄清碧绿，芽叶朵朵，亭亭玉立，观之赏心悦目，别有情趣。而且玻璃杯价廉物美，深受广大消费者的欢迎。玻璃器具的缺点是容易破碎，比陶瓷烫手。

2. 以饮茶方式为标准

随着时代的变化，人们的饮茶方式发生了很大的变化。相继出现四种饮茶方式：痷茶、煮茶、点茶、泡茶。与此相对应，茶具也分为四种，即痷茶茶具、煮茶茶具、点茶茶具、泡茶茶具。

(1) 痷茶茶具

我国古代文献中介绍唐以前的饮茶方法的资料很少，我们仅能从三国时期张揖的《广雅》中作出推断。《广雅》中记载了一种古老的饮茶方式：“荆、巴间采叶作饼，叶老者，饼成以米膏出之。欲煮茗饮，先炙令赤色，捣末置瓷器中，以沸浇复之，用葱、姜、橘子芼之。其饮醒酒，令人不眠。”这种饮茶方式与陆羽《茶经·六之饮》中的方法类似，故得名痷茶法。

用于瀹茶的茶具至少应包括：烧水的炉灶、烧水的锅或壶、烘制茶饼的夹子、盛茶汤的茶瓶（类似于今天的茶壶）、饮茶用的瓷碗或瓷杯、从茶瓶中舀出茶汤倒进杯碗中的勺子。

（2）煮茶茶具

在唐朝，人们主要饮用饼茶，其次为末茶。当时盛行煮茶法，这种方法比瀹茶法复杂得多。因此，煮茶茶具的种类也较以前丰富了许多。陆羽在《茶经·五之煮》中详细地记载了煮茶的方法：

民间饮茶，要先对茶进行处理，“若茶之至嫩者，蒸罢热捣”，茶饼在饮用前要先经过烘烤去掉水分，再将茶碾成粉末，用茶罗筛成茶粉后放到锅里煮。“其水，用山水上，江水中，井水下”。煮茶的时候有三个步骤：“其沸，如鱼目，微有声，为一沸”，水刚开的时候，水面会出现如鱼眼一样的水珠并出现微小的声音。这时要在水中加入少量的盐来调味；“缘边如涌泉连珠，为二沸”，这时需要准备一瓢开水留作备用。再用竹夹不断地在锅中搅拌，使水呈漩涡状，然后将茶粉倒入锅内。“腾波鼓浪，为三沸”，此时将备用的水倒入锅内，煮沸后，就可以饮用了。

由此可见，煮茶的茶具至少应包括：烧火器具（风炉）、炙茶器具、碾茶器具、煮茶器具、存盐器具、饮茶器具、贮水器具、洗涤器具、存放器具等。其中最重要的茶具是烧火的风炉、碾茶的碾和罗、煮茶的鍑和饮茶的碗。

（3）点茶茶具

唐代晚期至宋代，点茶法逐渐盛行，成为两宋饮茶的主流形式。点茶法是中国古代茶艺的代表之一。由于饮茶方式的变化，出现了新的茶具——茶筅。

最早具体描述点茶茶艺的是北宋蔡襄的《茶录》。点茶法主要有备茶（炙、碾、磨、罗）、备器、取火、候汤、熁盏、点茶（调膏、击拂）等。汤瓶置风炉上取火候汤，点茶水温为初沸或二沸，过老或过嫩皆不好。熁盏令热，用茶匙

量取茶粉入茶盏，先注汤少许，调成膏状，然后边注汤边用茶筅环搅，待盏面乳沫浮起是谓茶成。点茶法可直接在小茶盏中点茶，也可在大茶瓯中点茶，再用杓分到小茶盏中饮用。

点茶法中，主要的点茶茶具有茶碾、茶罗、茶盏、茶匙（筅）、汤瓶。辅助性的点茶茶具有：茶焙、茶笼、茶磨、茶刷等。

（4）泡茶茶具

明朝初年，散茶独兴，明朝后期泡茶法取代点茶法。点茶法是中国明清以来的主导性饮茶方式。泡茶法有两个来源，一是源于唐代“庵茶”的壶泡法；一是源于宋代点茶法的“撮泡法”。

泡茶法和今天的盖碗泡法基本一致。也有将茶叶放到茶壶里冲泡的，相当于今天的壶泡法。最典型的壶泡法是功夫茶。因此，茶杯、茶壶成为泡茶茶具中最重要的茶具。茶壶、茶杯与烧火的炉子、烧水的水壶并称为功夫茶的“四宝”。

3. 茶具的发展与演变

从某种意义上说，一部茶具的发展史就是浓缩了的茶叶发展史。茶具同其他饮食器具一样，经过了一个从无到有，从粗糙到精致的发展历程。

最初，我们的祖先把茶叶作为一种药物食用。后来，茶由药用转变为日常饮品，逐步超越了自身的物质属性，迈入了一个精神领域，成为一种文化、一种修养、一种境界的象征。与此相应，茶具的发展，也表现为由大趋小，自简趋繁，复又返璞归真、从简行事的过程。它与时代风气相涤荡，逐渐趋于艺术化和人文化。

茶具的出现是在茶被作为日常饮用的饮料之后。最早的茶具是与酒具、食具共用的。根据出土的文物判断，我国出现的最古老的茶具应该是陶土制的缶——一种小口大肚的容器，它既可用来煮茶，也可作盛具用。缶虽形状古朴，但笨重粗糙。

公认的我国最早出现的饮茶食用器具是在西汉。这一时期出现了釉陶茶具，外

表光亮平滑，且色彩鲜艳，初现了茶具的艺术性。从汉代以后至隋朝出土的茶具来看，在漫长的岁月中，茶具与酒具、食具并没有出现严格的区分，它们有时还是共用的。

唐代时，茶已经成为国人的日常饮品。茶具不仅是饮茶过程中不可缺少的器具，而且有助于提高茶的色、香、味，具有实用性。陆羽在《茶经》中提到，唐人饮茶前要先欣赏茶具，且选用茶具很有讲究。茶具在唐代得到迅速的发展。中唐时，不仅茶具门类齐全，而且讲求茶具质地，注意因茶择具。唐代茶具以古朴为特点，以陶瓷茶具为主，同时贵族、富家也出现了金、银、铜、锡等金属茶具。唐人多用茶碗，茶碗首推越州窑产的窑瓷，越瓷色青，茶色显绿，造型美观。

宋代流行点茶法，这种方法源自唐代。因此，宋代的茶具与唐代大体一致。从茶具的风格来看，宋代茶具以绮丽为时尚。宋代茶具较之唐代，变化的主要方面是煎水用具改为茶瓶，茶盏为黑色，又增加了“茶筅”。这一切，都是与宋代风行的“斗茶”时尚相适应的。

“盏”是一种浅而小的杯子，并配以盏托。宋人喜欢黑盏，因为当时茶色较白，黑色盏可与茶色相呼应。福建建窑的茶盏被视为上品。“建盏”又称天目盏，是宋代八大名盏之一。建盏造型古色古香，其色如漆，银斑如星，质地如铁，击声如磬，盛汤时只见汤花泛起，银星闪烁，堪称中国古代茶具之一绝。

元代茶具上承唐宋，下启明清，是中国茶具发展史上的过渡阶段。元代时青白釉茶具较多。

到了明清时期，茶具有了进一步的发展。茶具在明代发生了一次大的变革。明代人以饮用散茶为主，因此茶壶在明代出现，成为明代的一大特色。唐 宋时期的炙茶、碾茶、罗茶、煮茶器具等逐渐退出人们的生活。明代中叶出现紫砂壶。唐寅《品茶图》中绘有茶壶等茶具，明代江西景德镇瓷茶具，以质地细腻、色泽鲜艳、画意生动而驰名于世。《帝京景物略》中有“成杯一双值十万钱”

之说。

清代的茶具无论在种类还是在形式上都没有突破前人的规范。但是，由于茶类在清代有所发展，清代的茶具艺术也随之达到新的高度。煎火的小茶炉"文火细烟，小鼎长泉"，润泽薄密的白瓷、青瓷茶盏，让人爱不释手。清代广州织金彩瓷、福州脱胎漆器、四川的竹编茶具等茶具相继问世，使清代茶具呈现出多样化的特点。

到了近代，又出现了玻璃茶具和搪瓷茶具。这些茶具造型优美，兼具实用和观赏价值。

我国的茶具林林总总，茶具艺术绚丽多姿。如今，茶具已经成为人们生活中重要的组成部分。

二、紫砂壶

（一）紫砂陶概况

紫砂陶指用紫砂泥、红泥或绿泥等制成的质地较坚硬的陶制品。紫砂是陶土的一种，但是全世界只有在中国宜兴才有紫砂。用紫砂陶土制成的紫砂器，无论其原本的颜色是什么，在器具的表面都隐含着若隐若现的紫光，使其具有质朴高雅的质感。

紫砂陶原料颜色鲜艳，粘中带砂，柔中见刚，富有韧性。用紫砂陶土制作的成品，因其表面具有特殊的沙粒感，故得名“紫砂”。又因为紫砂陶的原料色彩斑斓，而被誉为“五色土”。根据调配方法及烧成温度的不同，制成品分别呈现出天青、栗色、暗肝、梨皮、米黄、朱砂紫、海棠红、青灰、墨绿等几十种颜色。它的颜色烧成之后，不会褪色。经过泡茶滋养后，可呈现出温润柔和的质感，与其他陶土混浊不清的色泽有很大的区别。

由于紫砂泥中含有氧化铁、氧化铝、氧化镁、氧化钾、氧化钠、氧化铅、氧化锰等化学成分，使得紫砂的成品吸水率小于2%，气孔率介于一般的陶器瓷器之间。紫砂茶具有良好的透气性，茶水放在紫砂壶内，味道可以保持几天不变。

此外，由于紫砂陶器有吐纳的特性，日久不用便会吸收空气中的尘埃，若拿来装油，油味便会积贮在胎土内，很难清除；泡茶则将茶味贮留下来。当紫

砂壶遇热时，胎土温度上升，紫砂的气孔张开，将胎土内贮藏之物吐出来。若贮存的是茶，就会吐出茶香；若贮存的是尘垢，就会吐出尘垢。因为紫砂壶具有贮换功能，所以用紫砂壶来泡茶效果最好。

紫砂泥的材质特点归结起来，有四个方面：

(1) 可塑性好。紫砂泥可任意加工成大小各异的不同造型。制作时粘合力强，但又不粘工具不粘手。这就为陶艺家充分表达自己的创作意图、施展工艺技巧，提供了物质保证。

(2) 干燥收缩率小。紫砂陶从泥坯成型到烧成收缩约8%左右，烧成温度范围较宽，变形率小，因此茶壶的口盖能做到严丝合缝，造型轮廓线条规矩严而不致扭曲。

(3) 紫砂泥本身不需要加配其他原料就能单独成陶。

(4) 紫砂泥土成型后不需要施釉。它平整光滑的外形，用的时间越久，就越会发出一种黯然之光。这也是其他质地的陶土无法比拟的。

正因为紫砂陶有如此多的优点，以及紫砂陶的实用功能，加上陶艺家巧夺天工的制作技艺，使紫砂陶成为当之无愧的世界名陶。

紫砂泥的发现有一个有趣的传说。相传古时候，有一个僧人路过某村落时，向村人高呼：“卖富贵土。”大家并不相信僧人的话，还纷纷嘲笑他。但是僧人不以为怪，依旧高呼“贵不要买，买富如何?”并引导村民跟他上山。僧人用手朝黄龙山深处一指，转身离去。村人依言发掘，果然挖到一种五色缤纷的土，红的、黄的、绿的、青的、紫

的……灿烂光亮，奇丽极了。从此以后，一传十、十传百，鼎蜀山村的村民都来锄白砀、凿黄龙，挖掘这山间的“富贵土”，开始烧造最早的紫砂壶。

烧制紫砂壶所用的原料统称为紫砂泥。江苏宜兴的紫砂泥是烧制紫砂壶的上等原料。宜兴陶土资源丰富，主要的种类有白泥、嫩泥、甲泥、紫泥、红泥及绿泥。

白泥是一种高岭土矿，用于生产砂锅、煨罐和彩釉工艺陶，原泥呈灰白、桃红和象牙白等色。经淘漂压滤后，表面细腻光亮，烧成以后呈象牙色。

嫩泥又称黄泥，这种泥质地较纯，风化程度好，具有很强的可塑性和粘合能力，可以保持日用陶器成型性能及干坯强度，是日用陶器中常用的结合黏土。

甲泥属于硬质骨架泥岩，是制作日用陶器大件产品必不可少的原料，未经风化时被称为石骨。甲泥的种类很多，按颜色和厚度的不同，分别冠以产地名称。如本山甲泥、东山甲泥等。甲泥的颜色有紫红色、紫青色、浅紫色和棕红色。

紫泥，古称青泥，是制作紫砂壶的主要原料。紫泥深藏于甲泥之中。因此，紫泥又有“岩中岩”、“泥中泥”之称。紫泥的种类较多，有梨皮泥、淡红泥、淡黄泥、密口泥、本山绿泥等。

红泥，或称朱泥、石黄泥，也是制作紫砂壶的主要原料，产量较少。矿石呈橙黄色，埋藏在泥矿的底部，质坚如石。因为红泥的产量很少，一般只用作着色的原料。如在紫泥制成的胎面，再涂上一层朱泥，就可以烧成粉红色。

绿泥是紫泥矿层上面的一层绵头，产量不多，泥质较嫩，耐火力比紫泥低。绿泥大多用作胎身外面的粉料或涂料，使紫砂陶器的颜色更为多样。如在紫泥塑成的坯件上，再涂上一层绿泥，可以烧成粉绿的颜色。

不同种类的陶土开采方式有所不同。紫砂陶土的开采方式有露天开采和坑道开采两种。其中，露天开采也称为明掘。凡是覆盖层较薄的矿体，接近地表，废土量不大的山坡，在探测确定后，均可采用露天开采的方法。如嫩泥多产于土质山地，泥层离地表不过四五尺，因此可以用明掘的方法开采。

坑道开采也称暗掘。坑道开采要按照一定的顺序进行，在地下矿床或围岩中把陶土开采出来。甲泥多产于黄石岩下，矿层离地面较深，采掘工程比较艰巨，一般用矿井式采掘，紫砂青泥和其他甲泥用隧道式。这两种采掘方法都叫做暗掘。

（二）紫砂壶的演变与发展

早期的紫砂器与其他陶器并无不同之处，它的用途无非是盛水置物。紫砂作为茶具始于北宋，盛于明清。紫砂器以茶具的身份出现后，它的独特品质就如金子在沙砾中光芒四射。

北宋仁宗时期的著名现实主义诗人梅尧臣在《宛陵先生集》中有两句诗："小石冷泉留早味，紫泥新品泛春华"，诗中的"紫泥"被认为是我国关于紫砂的最早记录。除梅尧臣外，欧阳修、苏东坡等诗人也有诗句描写紫砂器。苏东坡在谪居宜兴时，还亲自设计了一种提梁式的紫砂陶茶壶，"松风竹炉，提壶相呼"，烹茶审味，怡然自得，有"饮茶三绝"之说。后人将这种式样的提梁壶命名为"东坡壶"，相沿至今。

元代至明代前期的二百多年间，民间记载紫砂茶具的资料并不多见。当时虽然有少数文人对它发生兴趣，但并未得到士大夫阶层的普

遍赏识。明代早期的紫砂壶尚属煮茶茶具，其做工粗糙、器缺少变化，形制仅有高颈、矮颈、提梁和六方长颈等。

明代中叶以后，人们的饮茶方式发生了巨大的变化，紫砂壶的功能也随之变化。由于当时人们开始改用芽茶，冲泡后茶色发绿，故以白釉小盏最为适宜。但盏茶有易冷、落尘的缺点，所以明代人逐渐改用茶壶来饮茶，并逐渐成为社会的风尚。明代的冯可宾在其著作《岕茶笺》中说："茶壶以窑器为上，又以小为贵，每一客，壶一把，任其自斟自饮，方为得趣。壶小则香不涣散，味不耽搁。"

精通茶事的评论家认为："茶壶以小为美……何也？壶小则香不涣散，味不耽搁，况茶中香味，不先不后，只有一时，太早则未定，太迟则已过。恰好一泻而尽，化而裁之，存乎其人。"许多紫砂壶名家受此启发，开始制作适合当时饮茶方式和文人趣味的小茶壶。因此当时就有了"千奇万状信手出，巧夺坡诗百态新"的诗句。

小壶的出现，增加了紫砂壶的把玩性。紫砂壶使用越久，器身会因为抚摸擦拭而变得越发光亮照人，气韵温雅。所以闻龙在《茶笺》中说："摩掌宝爱，不啻掌珠。用之既久，外类紫玉，内如碧云。"

明代紫砂陶艺大师辈出。有传器可证的最早的紫砂壶名手，当推明代正德年间的金沙寺僧和供春。相传供春在金沙寺向僧人偷师。他所做的壶，不仅适合泡茶，而且颇具审美情趣。后人把他奉为紫砂壶艺术的开创者，"陶壶之鼻祖，天下之良工"。是他把紫砂茶壶从一般的粗糙手工业品发展为精美的工艺美术品。

明代的紫砂壶用砂粗砺，器形古朴庄重，在成型工艺和烧制技术方面大有发展，但总体而言实用功能还不够强，特别是壶嘴。大部分嘴型较瘦，嘴面上采用刀切手法，嘴孔较小，而且壶身与壶嘴衔接处的出水孔大多挖得不正，虽

是独孔，但出水仍不够流畅。此外，壶把以提梁式为主，泡茶也不方便。这一时期的紫砂壶技术还很不完善。

清代制壶技艺逐渐成熟，在嘴孔和嘴型方面比明代进步了许多。除了嘴型和嘴孔变大外，壶身和壶嘴的衔接处挖的出水孔也比较圆，特别是在壶身里面和壶嘴衔接处出现了填泥。填泥的出现使壶身与壶嘴衔接处更为通畅，出水时的阻力大大减少。紫砂壶的实用功能得到了提高，越来越多的人喜欢用茶壶泡茶。

在基本工艺进步的同时，装饰艺术也有了较大的创新，紫砂壶更具欣赏性。紫砂壶在作为宫廷贡品之后，装饰手法空前多样。泥绘、浮雕、描金、印花、贴花、粉彩、珐琅彩等工艺的掌握和运用，将各种各样的装饰技法巧妙地结合到一起，或古朴典雅，或工巧丽妍，使紫砂壶变得艳丽缤纷。

清嘉庆、道光年间一位叫曼生的文人与制壶艺人杨彭年等人合作，设计制作了却月、横云、合欢、饮虹、镜瓦等壶型，又邀请文人好友为之绘画、刻文，使得紫砂壶成为高雅的陶艺作品，把艺人和文人合作的风气推到了极致。紫砂壶原本只是一件喝茶用具，因文人和艺人的合作，演变为融陶文化、茶文化以及诗文、书画、篆刻等诸多中华传统文化元素为一体的，极具中华传统文化代表性的高雅之品。可以说，曼生让紫砂真正进入了文人壶时代，提升了陶手对传统文化的认识，更是直接把华夏文明的要素融入紫砂茶器之中。由于主流文化元素的进入，使得紫砂壶身价倍增，一些书画名家也因作品刻绘在紫砂壶上得以名扬天下，可以说二者是相互辉映的。

民国之后的紫砂制作呈

现出百花齐放、名家辈出的势头。20世纪初，中国民族资本主义蓬勃兴起，商业逐渐发展，紫砂壶的生产更趋于商业化。一些古董商人出高薪聘请紫砂名家，专门依样仿制古代名器。当时仿得最多的是时大彬、徐友泉、陈鸣远的作品，手段高超到几乎难以辨识真伪，只有仿者留下专门辨识记号的方可鉴定真伪。

（三）紫砂壶的烧炼

陶器是泥土和火结合的艺术，人类祖先借助火的威力赋予泥土以生命，使泥土有了新的意义。陶器是在窑洞中烧制而成的。最原始的窑基本上是利用现成的山洞或者靠人力挖掘洞穴而成。

在紫砂壶烧炼的历史上，前后共经历了龙窑、倒焰窑（包括方、圆、间隙式窑）、隧道窑（烧煤、烧重油或用电）、推板窑（烧煤、用电或烧液化气）和现今普遍采用的电炉五种窑炉的演变。其中，龙窑使用的时间最长，直到1957年才被倒焰窑取代。1973年，隧道窑又取代了倒焰窑。

龙窑最早出现于我国战国时代。它依一定的坡度建筑，以斜卧似龙而得名。龙窑是用砖砌筑成直焰式筒形的穹状隧道，结构简单，分窑头、窑床、窑尾三部分。龙窑一般长约30至70米，高约12米，倾斜度在8至12度之间。龙窑因建在山坡上，采用自然通风的方式，火焰抽力大，升温快降温也快，还可以快烧，所以烧制的陶器产量很高，一般生产周期为4天左右。

明清时期的紫砂壶多为龙窑烧造。龙窑的烧窑操作，全靠烧窑工人的熟练技巧，以目光观测火焰温度与坯体的变化情况。所以，烧窑时必须掌握“缓烧勤看”的原则。紫砂壶的烧炼是一门精深的学问。只有烧窑者运用精湛的烧成技术，才能获得人们所要求的紫砂色泽。如何控制火焰的性质，使之满足紫砂

壶烧成的需要，是烧窑操作的主要内容。

窑火燃烧时，随着温度的升高，陶坯颜色也在不断地变化。陶坯在 400℃时呈暗红色，600℃时呈桃红色，800℃时呈鲜红色，1000℃时呈黄色，1200℃时呈浅黄色，1400℃时呈白色，直到 1600℃时呈耀眼的白色。这些全凭烧窑工人的熟练技巧，靠目光观察，根据火焰的温度和坯件的变化来增减燃料以及空气流量，缩短或延长烧炼时间，使产品合乎规格。窑火要烧到 1000℃上下，陶器才能烧成，所谓千度成陶。宜兴紫砂壶所需的烧成温度在 1000℃—1250℃之间。这种火焰色调很难掌握，“过为则老，老不美观；欠火则稀，樨沙土气”。

紫砂壶入窑烧炼后耐火度较高，不易变型但容易变色。起初，紫砂壶烧成后的颜色呈紫色，这是一种古雅幽静的色调。明万历三十年，紫砂名家时大彬精选上等紫砂泥，调配成各种泥色用以制作紫砂壶。陶工们运用不同的火焰，烧成各种多变的颜色，如海棠红、朱砂紫、葵黄、墨绿、白砂、淡墨、沉香、水碧、冷金和闪色等，此外还有葡萄紫、榴皮、梨皮、豆青、橘柚黄、新桐绿等色。其中，最好的是紫色，紫色壶入窑烧炼即呈古雅的青黑色，俗称乌灰。这些色彩，有的是泥料的天然本色，有的是艺人们利用不同的泥料调配而成，并在烧炼过程中发生种种物理变化或化学变化所形成的。

1932 年，我国窑炉发展史上的第一座倒焰窑建成。倒焰窑，顾名思义，就是火焰在窑中下行的流动情况。倒焰窑是一种间歇式的窑炉。由于倒焰窑的窑顶是密封的，火焰不能继续上行，只得在烟囱的抽力作用下向下流动，经过匣钵柱的间隙，从窑底吸火孔进入支烟道及主烟道，最后由烟囱排出。人们习惯上把火焰从下到上称为“顺”；把由上向下流动的火焰称为“倒”。“倒焰窑”的称呼由此而来。

倒焰窑的优缺点都很明显。

优点是由于火焰从喷火口出来后，在上行至窑顶的过程中通过对流、辐射把热量传给烧制品。当火焰到达顶部时，又对顶部制品进行加热，然后折

向下行，在下行时又对流、辐射对制品进行一次全面充分的加热。又因为倒焰窑是一种间歇式的窑炉，可以根据不同的制品来调节烧成温度，具有很强的适应性。这是其他窑炉无法匹敌的。

当然，倒焰炉的缺点也是不应该被忽视的。为了防止倒焰炉内的烧制品出现上下受热不均的情况，需要陶匠不断地向炉内提供很多的热量，这也提高了工人的劳动强度。又因为倒焰炉是一种间歇式的窑炉，里面的余热难以被利用，造成了能源上的浪费，无形中提高了烧制的成本。

正因为倒焰窑的诸多局限，1965 年，我国第一座隧道窑在宜兴建成。隧道窑是现代化的连续烧成陶瓷制品的热工设备，始于 1765 年。当时，隧道窑只能烧陶瓷的釉上彩。1810 年，出现可以用来烧砖或陶器的隧道窑，但都不够理想。

隧道窑通常为一条长的直线形隧道，其两侧及顶部有固定的墙壁和拱顶，底部铺设的轨道上运行着窑车。燃烧设备设在隧道窑的中部两侧。

隧道窑与倒焰窑相比，具有一系列的优点。首先，隧道窑可以使生产连续化。陶瓷器具的烧成时间短，产量大，质量高。普通大窑由装窑到出空需要 3—5 天时间，而隧道窑仅需 20 小时就可以烧制完成。由于窑内预热带、烧成带、冷却带三部分的温度，常常保持一定的范围，容易掌握其烧成规律，因此质量较好，破损率也少。其次，隧道窑利用逆流原理工作，因此热量的保持和余热的利用都很良好，比倒焰窑节省燃料。第三，陶艺工人在烧火时操作简便，而且装窑和出窑的操作都在窑外进行，这大大改善了操作人员的劳动条件，减轻了劳动强度。最后，由于窑内不受急冷急热温度的影响，窑体使用寿命长，隧道窑及窑具的耐用性能良好。

但是，隧道窑建造所需材料和设备较多，投资较大。因是连续烧成窑，所以烧成制度不宜随意变动，一般只适用于大批量的生产和对烧成制度要求基本

相同的制品，灵活性较差。

（四）紫砂壶的制作工艺与造型艺术

1. 紫砂壶的制作工艺

宜兴紫砂壶的传统全手工成型技法由金沙寺僧始创，经供春发展，时大彬完善而传承至今。它秉承了宜兴传统的陶器制作技法，自成一格，在中外陶瓷史上有着巨大影响力。

全手工成型方法采用泥条、泥片镶接拍打成型来制作圆器；用泥片镶身筒成型来制作方器。这种制作方法可以尽情地展现紫砂艺人的创作才华，设计制作出造型各异、令人赏心悦目的优秀作品。用此方法成型的作品，摆脱了模制壶的呆板和匠气，显得气韵生动、风致天然，受到历代藏家的追捧。

全手工成型的制作工艺难度较高，制作过程中不确定因素较多，需要制作者不断作出相应的调整。每一件精致茶具的诞生，都要求制作者有娴熟的制作技巧、扎实的基本功，还要具备极佳的心理素养和独到的眼光。

紫砂壶的制作工艺较为复杂，我们以方壶的制作为例，向大家简单地做一介绍。方壶的制作大体上有五个步骤：

（1）泥料的选择。制作方壶重视对泥料的选择，一定要选择收缩小的泥料。如果选择的泥料收缩较大，即使做壶的时候非常用心，也很难过烧成这一关。在泥料选择方面，以选择收缩率在 8%左右的泥料为宜。

（2）镶身筒。镶身筒之前要做好打泥片、凉泥片、匀泥片和裁泥片的工作。把裁好的泥片镶接成壶身的工作就叫做镶身筒。壶身及壶嘴的连接一般采用沾嵌法。在打壶嘴的泥片时，一般壶嘴的根部比口部稍厚一些。

（3）拍身筒。拍身筒是全手工制作方

器壶里最重要的一项工作。壶身是否饱满、挺括全由拍身筒的情况决定。抓、拿、拍、刮都应尽量抓拿壶体的边角，壶面应尽量少用力。拍身筒的工作包括处理好各种壶体的线条，面与角的处理等，各种角与线的表现或粗犷或丰腴或刚健等，都可因艺人处理手法的不同而呈现不同的效果。拍身筒要一直做到自己满意为止。

(4) 做壶盖。拍完身筒后，接下来的工作就是做壶底和壶盖了。壶底的做法因壶的造型不同而各不相同。方壶一般分为嵌盖和压盖。做壶盖的样板必须非常标准才行，不允许有丝毫的差错。在做嵌盖的时候，样板不能有丝毫的移动，可以在壶面上喷洒些水雾来帮助固定样板。

(5) 上子口。上子口是方器壶制作中又一项至关重要的工作。如果这道工序没有做好，那么，前面所有的工作都是白费劲。上子口直接关系到壶盖的平整度。

总之，一把紫砂方壶品质的好坏与制作者的技巧、功力和对泥料的收缩和烧成温度的高低把握等诸多因素有着密切的关系。

2. 紫砂壶的造型艺术

紫砂壶造型多样，殊型诡制，种种不一。简简单单的一块紫砂泥，经过制陶艺人的一双手，就会变成形形色色的美妙用具。明明是茶壶和茶杯，可外表却像牡丹、莲花、竹节、松段。

紫砂壶的造型一般可分成三类：一是几何形体造型，二是仿自然形态造型，三是筋纹造型。

(1) 几何形体造型

几何形体造型俗称“光货”，即不加任何装饰，或仅用一些简洁的线条进行装饰的紫砂壶。这又可分成圆器和方器两种。

紫砂壶的造型“方非一式，圆不一相”。即使都是圆器，形态也各不相同。

但总的审美标准要求圆器达到“圆、稳、匀、正”。圆，指各种曲线、抛物线都要圆润饱满，整体达到“珠圆玉润”的艺术效果；稳，指要大方有度，在流动的节奏中又不失稳定之感，具有古朴而又沉稳的韵律；匀，要求壶体与盖、肩、腹、底、嘴、纽、把、足以及各部过渡处匀称自然、浑然一体；正，指制作严谨、规范、圆正。这样制作出来的壶体本身以及附件的大小、曲直匀称，比例恰当，整个造型端正挺括，才富有美感。

对紫砂方器造型来说，主要由长短不同的直线组成。要求壶的整体造型明快、工整、有力、挺拔、雄浑、具阳刚之气。此外，还应当以方为主，方中寓曲，曲直相济。

不论是圆器还是方器，紫砂壶的壶盖都必须规划统一，盖的时候能与壶口准缝吻合。圆形的壶盖能在壶口很平稳地通转一周，方形的盖任意调换方向都能很顺滑地合到口上。此外，壶把、盖纽和壶嘴在视觉上要呈一条直线，即三点一线。

⑵ 仿自然形态造型

仿自然形态造型俗称“花货”。这类造型取材于植物、动物的自然形态，常带有一些浮雕、半浮雕装饰，模拟自然形态，或运用雕镂捏塑的手法，将自然形态变化为造型的部件，如壶的嘴、把和提梁。仿植物、动物外形的花货，特殊之处在于对实物的抽象比例拿捏，一把好壶应抓住实物的内涵而作，而不是完全相同照抄，且做工精巧，结构严谨。

在模拟物象的同时，历代紫砂名家还创造出许多装饰技法：绞泥、浮雕、堆绘、陶刻、釉彩、抛光和包铜、金银丝镶嵌等等。

⑶ 筋纹造型

筋纹造型俗称“筋囊货”，是将花木形态规则化，将形体分作若干等分，表现出生动流畅的筋纹。造型要求匀称协调、对称合一、凹凸有致，具有一种秩序美。如明代的李茂林所做的“菊

瓣筋囊壶”，模仿菊花瓣的筋纹线分布均匀，凹凸相间，棱线延伸到肩、颈和壶盖，对应十分吻合，上下一体，造型工整严密，形制稳健优美。

筋纹造型创烧于宋代，兴盛于明清，传承至今，技艺日臻完美的紫砂陶工艺，融入了千百年来历代壶艺家独具匠心的审美情趣和智慧，其以独特的材质、丰富的色彩、多样的形态、深厚的文化内涵，成为中国陶瓷艺苑中的一朵奇葩，也使紫砂壶从煮水冲茶的普通器具，变为文人雅赏、世人珍藏的艺术珍品。

（五）紫砂壶的款识

紫砂款识是指用铩印或者刀镌在紫砂陶器的底部、盖内、鋬下等处制作者或定制者、监制者的印记。紫砂壶的款识，是鉴定其年代及制作者姓名的重要佐证，也是文博古玩和拍卖界对壶估价的唯一依据。

紫砂款识与其他陶瓷制品的款识不同，如今已成为紫砂艺术不可缺少的组成部分。一把没有款识的壶使人感到不完整，价值平平，而一把款识不好的壶也使人感到艺术内涵不够。历来制壶高手、名家对用印钤款都十分讲究。用印钤款也涉及到制作者的艺术素养，壶外功夫于此可见一斑。用印不当会弄巧成拙，反之会锦上添花。

紫砂壶款识的发展既与紫砂陶的演变紧密相连，又与当时的书法篆刻同步发展。大体经历了由毛笔题写、竹刀刻划、用印章钤印的工艺演变过程。

紫砂鼻祖供春所做的“供春壶”是没有款识的。钤有“供春”二字的壶，皆为历代紫砂艺人的仿制品。明代万历年间，时大彬制作的“时壶”是目前见之于实物的最早的紫砂名壶。

自明代时大彬始，经清代、民国至当代的紫砂器，其印鉴款识的表现方法有两种：一为胎体，即刀刻、印章钤印；二为彩釉，即釉上彩。

明代流行刀刻款识，刻款字体多为楷书。由于陶匠使用的刀具和刀法不同，出现了两种不同效果的款识：一种是等线体字，即每个字的笔画粗细基本一致；另一种是有书法韵味的楷书或行书体款识。

时壶上的款识最初是由时大彬请善于书法的人用毛笔预先题写在紫砂胚体上，然后在紫砂壶快干时，用竹刀在胚体上依毛笔的提顿转折逐笔刻划上去。经过一段时间之后，时大彬不再请人落墨，自行以刀代笔，赋予款识个人风格，以致别人无法仿效，这成为历代鉴赏家鉴定“时壶”的重要依据。

除时大彬外，明代紫砂艺人中以刀刻划署款的还有李仲芳、徐友泉、陈信卿、沈子澈、项圣思等人。用刀刻署款要求紫砂艺人具有一定的书法基础和较高的悟性，这不是所有人都具备的能力。因此，一部分紫砂艺人只得请人落墨镌款，于是就有“工镌壶款”的专门人才，明代的陈辰就是其中著名的一位，请他镌壶款的人很多。这也给历代鉴赏家们带来不少困扰：许多作品虽出自不同艺人之手，但所镌壶款却由一人为之。

明末清初时期，印章款逐渐流行起来。现藏于旧金山亚洲美术博物馆内的六角水仙花壶（许晋侯作品）是我们目前所能见到的由刻款改用印章的较早实物。这一时期紫砂壶款识的特点是刻款和印章并用，具有明显的过渡特征。

陈鸣远是这一时期的代表性紫砂艺人。他同时运用刻划与印章两种方式署款留名。刻划款主要在紫砂器腹、底部，印章主要在壶盖内、壶底等部位。陈鸣远在刻款钤印方式上，起到承上启下的作用，既继承了明代壶艺家显示自信、追求典雅质朴的艺术风格，又开启了清代钤印留名、以印代刻，诗、书、画相得益彰的新局面。

陈曼生承袭了陈鸣远的风格，在紫砂壶史上首次把篆刻作为一种装饰手段施于壶上，“曼生壶”因壶铭和篆刻而名扬四海。“曼

生壶”的底印最常见的是“阿曼陀室”方形印，少数作品用“桑连理馆”印。

紫砂茶壶一般为一壶两印，一为底印，盖在壶底，多为四方形姓名章；一为盖印，用于盖内，多为体型小的名号印。清代很多作品上有年号印，如“大清乾隆年制”，还有用商号监制印的，如“吉德昌制”、“陈鼎和”等，此类印鉴民国时期颇多，成为当时的流行趋势，用于壶盖上的印章款大多是这种商号款。在壶盖上镌款的茗壶一般都是普通茗壶，极少有精品佳作。

好的紫砂款识应具备以下特点：

(1) 印章制作精美、考究。名家的印章或由本人刻制，或请篆刻名家为其量身制作，具有一定的艺术品位。而伪印章则难以达到这种水平，多呆滞无神。

(2) 印章形式使用合理。在同一壶上使用的多枚印章钤印位置讲究，形式多样，整体上显得和谐统一。

(3) 刻写、钤印位置适当。若紫砂壶的款识使用部位恰当，在一定程度上可以对壶起到装饰作用。反之，如果壶上没有铭刻诗句或题画，仅在壶腹正中部位署一姓名款识，必然不是名家所为。一般而言，紫砂壶的款识位于壶的盖内、底、把梢、腹四个部位。用于壶盖，则处于盖内孔的一侧；用于壶底，一般处于中间位置；用于把梢，一般位于梢下壶腹上；用于壶腹，则用于诗句、画的结尾处。

(4) 款识大小适宜。刻款、印章的大小与壶本身具有一定的协调性。款识的大小与壶的大小相协调，即壶大款识大，壶小款识也相应小；款识大小与款识所处的部位相协调；底部的款识比盖款、把梢款相应大一些，反之则很有可能是伪品。

(5) 款识刻画、钤印轻重适度。名家壶的款识刻画整体和谐统一，钤印用力均匀，深浅一致。

(6) 风格协调和谐。名家壶的款识风格往往与其制壶的风格相协调，这与其审美观和情趣往往是统一的。一般来说，工艺精致的作品，款识娟巧秀丽；朴实奔放的作品，款识粗犷老辣；端庄稳重的作品，印章方正平稳。

（六）紫砂壶名家

1. 金沙寺僧

金沙寺在宜兴西南镜湖山间，离鼎蜀镇约十余里，建筑宏伟。这里原是唐代宰相陆希声晚年隐居的地方，被称为“陆相山房”，又称“遁叟山居”。

约明成化、弘治、正德年间（1465—1521 年），江苏宜兴湖父金沙寺内有一位未曾在历史上留下姓名的僧人。他被后人列为紫砂壶的创始人。周高起《阳羡茗壶系·创始篇》：“金沙寺僧逸其名，闻之陶家云：僧闲静有致，习与陶缸瓮者处，抟其细土，加以澄练，捏筑为胎，规而圆之，刳使中空，踵傅口柄盖的，附陶穴烧成，人遂传用。”自从供春学了他的造壶技艺后，紫砂壶才始为流传。

2. 供春

供春（约 1506—1566 年），又称供龚春、龚春。正德、嘉靖年间人，原为宜兴进士吴颐山的家僮。从紫砂壶推广的角度而言，供春是公认的紫砂壶鼻祖。他的传世之作有：树瘿壶、六瓣圆囊壶等。

相传供春的主人吴颐山在金沙寺复习迎考期间，供春在寺中看到一个老僧炼土制壶，成品精美，于是开始仔细研究僧人的制陶技术。供春用老僧制壶后洗手沉淀在缸底的陶土做坯，用金沙寺旁的大银杏树的树瘿作为壶身的表面花纹，用一把茶匙挖空壶身，完全用手指按平胎面，捏炼成型，制成几把茶壶。他的茶壶烧成后，茶壶表面上有“指螺纹隐起可按”的痕迹，显得古朴可

爱，令人叹服。他制作的壶被称为“供春壶”。

供春壶造型新颖精巧、温雅天然，质地薄而坚实，久负盛名，时人有“供春之壶，胜于金玉”的评价。供春所制茶壶，款式不一，而尤以“树瘿壶”最为著名。此壶乍看似老松树皮，呈栗色。凹凸不平，类松根，质朴古雅，别具风格。也许是出于对自己绝技的矜重爱惜，供春的制品很少，流传到后世的更是凤毛麟角。

3. 时大彬

时大彬（1573—1648 年），别号少山，明万历至清顺治五年宜兴人。时大彬是宜兴紫砂艺术的一代宗匠，宋尚书时彦裔孙，为著名紫砂“四大名家”之一时朋之子。

时大彬是万历年间紫砂艺术的集大成者，居“壶家妙手称三大”之首位。他的紫砂壶制作技术已经达到炉火纯青的境地。他对紫砂壶的泥料配制、成型技法、造型设计以及署款书法，都有研究。时大彬确立了至今仍为紫砂业沿袭的用泥片和镶接那种凭空成型的高难度技术体系。

时大彬的作品风格古朴雄浑，作品初期模仿供春，喜作大壶。后根据文人饮茶习惯改制小壶，并落款制作年月。他的作品给人以耳目一新的感觉，被时人推崇为壶艺正宗。大彬署款，最初是请善书者落墨再自刻，以后直接运刀镌刻，书法闲雅俊秀，有晋唐意味，使其作品更具艺术韵致，为时人和历代所珍视。

时大彬的传世作品较多，海内外藏家均有收藏。他的壶大多有“大彬”款识，以此作为识别标志。

4. 陈鸿寿

陈鸿寿（1768—1822 年），字子恭，号曼生、老曼、曼公等，别称夹谷亭长、胥溪渔隐、种榆仙客、种榆道人，浙江钱塘（今杭州）人，生活在清乾隆、

嘉庆年间。陈鸿寿工诗文、擅书画，精篆刻是著名的“西泠八家”之一，亦擅长砂壶设计，人称其壶为“曼生壶”。

陈曼生才气过人，擅长古文辞，以书法篆刻成名，一生酷爱紫砂壶。嘉庆六年（1801 年），陈曼生设计壶样十八式，与杨彭年、邵二泉等紫砂名人合作，制作了大量的紫砂壶，也就是著名的“曼生壶”。曼生壶的造型有石兆、横云、井栏、合欢、却月、镜瓦、瓜形等十八种样式。由此他成为了“西泠八家”中最受关注的人物。

曼生壶也叫半瓢壶，以半瓢为器身，流短而直，把成环形，盖上设弧钮。陈曼生一反宜兴紫砂工艺的传统作法，将壶底中央钤盖陶人印记的部位盖上自己的大印“阿曼陀室”、“桑连理馆”，而把制陶人的印章移在壶盖里或壶把下腹部，如不留意，往往是看不到的。

曼生壶将紫砂壶艺术与文学、书法、篆刻等艺术要素相结合，形成了一种独特的文人壶风格。由于曼生壶具有较高的文化品位，多年来一直被人们所关注。曼生壶被认为是艺林珍品，存世之作极少。

5. 黄玉麟

黄玉麟（1842—1914 年），原名玉林，曾用名玉麐。宜兴蜀山人，清末制壶名家。黄玉麟是邵大亨之后又一重要的制壶大家，擅制《掇球》《供春》《鱼化龙》诸式。他所制的壶选泥讲究，作品莹洁圆润，精巧而不失古意。

玉林 7 岁丧父，由母亲邵氏抚养成人。六年后由于生活所迫，母亲邵氏托远亲邵湘甫收玉林为徒。邵湘甫当时以制作粗货（一般日用壶、盆、罐）为业，壶艺并不出色。黄玉林跟随邵湘甫所学茶壶款式，主要是《仿古》《掇球》之类。

邵湘甫的邻居汪升义家是蜀山细货好手。汪升

义的祖父也是个制壶艺人。汪家有一名叫《鱼化龙》的壶，黄玉林十分喜爱。闲暇之时总是瞒着自己的师傅，在工房里偷偷做《鱼化龙》茶壶。三年后黄玉林满师之日，将自己做的《鱼化龙》茶壶作为礼物送给恩师，一时赢得“青出于蓝”的美名。

黄玉林20岁之后改名为玉麐，并开始在茶壶上使用“玉麐”印章。玉麐在制作《鱼化龙》时，不断改进茶壶的样式。他制作的壶圆纯玉洁，整体丰满，龙头威武尊严，龙身扭曲变化，张口睁目中吞玩宝珠，敞开的两根龙须亦格外引人注目。鲤鱼图案随着龙的神气而更显精神，强化了“鲤鱼跳龙门”主题。龙腾鱼跃，十分生动，故有人赞誉玉麐为“玉麒麟出世”。于是，玉麐改名为“玉麟”。

光绪二十一年（1895年），黄玉麟受聘于大收藏家吴大澂府上为其仿古创新，精品迭出。进入盛年，黄玉麟技艺愈深，造诣愈深，每制一壶，必反复斟酌推敲，精心构撰。他的作品很受鉴赏家珍爱。至民国三年（1914年），黄玉麟病逝于宜兴蜀山豫丰陶器厂厂房中，享年71岁。

6. 王寅春

王寅春（1897—1977年），江苏镇江人，紫砂茶艺名人。自幼家贫，13岁拜制壶艺人金阿寿为师，开始求艺生涯。三年后满师，24岁时在家自产自销紫砂壶。

王寅春是一位紫砂制作功力很深的艺人，以制作茶壶多、快、好而著称。他以创新品种占领市场，人称“寅春壶”。传世之作有亚明方壶、六方菱花壶、梅花周盘、半菊壶、小梅花壶、六瓣高瓜酒具、铜锤方方、圆条茶具、汉群壶、高流

京钟等。

王寅春的技艺风格独树一帜，光素器和花塑器都带有强烈的个人特质；方器规矩挺括，敦厚朴实；筋纹器雍容大方，秀美可掬，很难有人企及。他所制的茶壶，造型雍容大方，光润和洽，口盖准缝严密，令人赞叹不已。

7. 顾景舟

顾景舟（1915—1996 年），原名顾景洲。别称曼希、瘦萍、武陵逸人、荆南山樵。自号壶叟、老萍。宜兴紫砂名艺人，中国美术家协会会员、中国工艺美术大师、江苏省工艺美术学会理事、江苏省陶瓷学会名誉理事，曾任宜兴市政协常委、宜兴紫砂工艺厂紫砂研究所名誉所长。他在壶艺上的成就极高，技巧精湛，可以说是近代陶艺家中最有成就的一位。其作品在港、澳、台、东南亚等地影响巨大，被海内外誉为“一代宗师”、“壶艺泰斗”。其声誉可媲美明代的时大彬。代表作品有僧帽壶、汉云壶、三羊喜壶、汉铎壶、牛盖莲子等。

顾景舟从小立志于紫砂陶艺创作，18 岁拜名师学艺，年方 20 便已身列紫砂名手之林。数十年来深入钻研紫砂陶瓷相关工艺知识，旁涉书法、绘画、金石、篆刻、考古等多门学科。其作品特色为整体造型古朴典雅，形器雄健严谨，线条流畅和谐，大雅而深意无穷，散发着浓郁的东方艺术特色。

顾老的紫砂作品以茗壶为主，以几何形壶奠定自己的个人风格，并与韩美林、张守智等人合作，开创了紫砂茗壶造型的新意境。顾景舟一生制作的紫砂壶数量不是很多，件件堪称精品。

20 世纪 50 年代初，顾景舟收徐汉棠为第一个徒弟。此后几十年间，顾老可谓桃李满天下。

三、紫砂艺术鉴赏

（一）紫砂艺术鉴赏

中华民族是一个喜好饮茶的民族，所谓“开门七件事：柴、米、油、盐、酱、醋、茶”，茶已经深深地融入到百姓的生活中。饮茶需要好的茶具，而在诸多的茶具中，以宜兴紫砂茶壶最受世人的欢迎。

紫砂壶从被烧造出来的那一刻起，便注定终身与茶结缘。不用来泡茶的紫砂壶就像失去了生命的躯壳，没有任何意义。这一点，在嗜茶者中早已形成共识。不管爱茶者如何滔滔不绝地讲述自己对茶道的理解，若无一把上好的紫砂壶，配以绝好的茶叶，这一切都缺乏了底蕴与信服度。赏茶之士在把玩茶具、细品茶香之时，感受那份静谧与惬意。

如何欣赏、鉴定一把紫砂壶的好坏对茶道爱好者来说十分重要。什么样的紫砂壶才算得上是一把好壶呢？通常来讲，好的紫砂壶应该同时具备四个要素，即形、神、气、态俱佳。“形”指形式美，作品的外轮廓，也就是具象的面相；“神”即神韵，是一种能令人意会到的精神意味；“气”指气质，是壶艺所有内涵的本质美；“态”即形态，作品的高、低、肥、瘦、刚、柔、方、圆等各种姿态。只有将这四个方面融会贯通才能称得上是一件完美的作品。

紫砂艺术是一种“源于生活，高于生活”的艺术创作形式。一件好的紫砂壶，除了讲究形式的完美与制作技巧的精湛，还要审视纹样的适合，装饰的取材以及制作的手法。这些方面构成了紫砂壶的全部内涵。形式的完美指壶的嘴、扳、盖、纽、脚，应与壶身整体比例相协调。制作技巧的精湛与否决定了紫砂壶的优劣。

紫砂壶历来被分为四个档次：日用品壶（即大路

货）、工艺品壶（即细货）、特艺品（即名人名家的作品）和艺术品（富于艺术生命的作品）。区分紫砂壶不同档次的标准概括地说是：泥、形、工、款、功。前四个字属于艺术标准，后一个字为功标准。

一是“泥”。制作紫砂壶的泥料全世界只有中国宜兴才有。由于紫砂原料中的分子成分与其他地方泥料的分子成分不同，所以就决定了用紫砂烧制出来的茶具带给人的官能感受也不尽相同。评价一把紫砂壶的优劣，首先应该是紫砂泥质的优劣。

二是“形”。古人制壶十分讲究壶的形状，紫砂壶形是存世的各类器皿中最为丰富的。如何评价这些壶的造型，各家说法不一。紫砂壶是整个茶文化的重要组成部分，它所追求的意境应该与茶道所追求的意境相统一。茶道追求的意境是“淡泊平和”、“超世脱俗”。因此，一把好的紫砂壶造型要淳朴美观、形体悦目、轮廓周正、比例协调、线条流畅、装饰具美感无累赘之处。紫砂壶的造形全凭感觉，只可意会、不可言传，艺术上的感觉全靠心声的共鸣，心灵的理解，即所谓“心有灵犀一点通”。

三是“工”。工指工艺。艺术有很多相通之处，紫砂壶的造形技法与国画之工笔技法有异曲同工之妙。这要求紫砂壶的做工要精致细巧、格律严谨，无瑕可寻。

点、线、面是构成紫砂壶的基本元素。点，须方则方，须圆则圆；线，须直则直，须弯则弯；面，须光则光，须毛则毛，干净利落。不能有半点含糊，否则就不能算是一把合格的紫砂壶。按照紫砂壶的成型工艺特殊要求，壶嘴与扳要绝对在一条直线上，并且分量要均衡；壶口与壶盖结合要严紧。

四是“款”。款即壶的款识。鉴赏紫砂壶款有两层含义，一是鉴别壶的优劣，壶的制作者、题词、镌铭的作者是谁。二是欣赏紫砂壶面上的题词内容，镌刻的书画内涵和印款。紫砂壶装饰艺术是中国传统装饰艺术的重要组成部分，它具有传统的“诗、书、画、印”四位一体的显著特点。欣赏紫砂壶除了看壶

的泥色、造型及制作功夫外，还应包括欣赏文学、书法、绘画、金石等方面的内容。

五是“功”。功，指壶的功能美。紫砂壶具有很强的实用性。紫砂壶为砂质壶，泡壶后壶身传热缓慢，保温性好，故在提、握、抚、摸时不感炙手。冬令季节双手捧壶不仅可以取暖，而且有按摩健身之功效。用紫砂壶泡茶，以尽色、声、香、味之蕴。暑天泡茶不易变味，汤色清润。

紫砂壶型千姿百态，大致分为高、矮两类。高壶宜泡红茶，红茶在焙制中是经发酵过的，因此它不避深闷。高壶可以使红茶越发浓香；矮（扁）壶宜泡绿茶，绿茶在焙制中未经发酵，不宜深闷，矮（扁）壶泡绿茶，可以保持绿茶澄碧鲜嫩的色香味。

紫砂壶的艺术性与功能性始终紧密结合在一起，它的“艺”全在“用”中。“艺”如果失去“用”的意义，“艺”也就不复存在了。

（二）明朝时期精品紫砂壶

1. 供春树瘿壶

高 102mm 宽 195mm

明供春制。

供春树瘿壶现藏于中国历史博物馆，该壶的捐赠者为储南强先生。

这把壶因为外形似银杏树瘿而得名。壶身为栗色，呈扁球状，凹凸不平，谷绉满身，纹理缭绕，大有返璞归真的意境。壶的把梢旁有“供春”二字刻款。

供春树瘿壶曾由苏州吴大澂收藏。当初，吴大澂得到这把供春壶时，已无壶盖，于是请制壶名手黄玉麟为其重配了一只呈北瓜蒂状的壶盖。著名山水画家黄宾虹见到此壶，认为树瘿壶身配北瓜蒂盖有些不伦不类。后来，储南强便请现代制壶名家裴石民重新做了一

只状如灵芝的树瘿壶盖，并在壶盖的周边外缘，刻有潘稚亮（潘序伦之兄）两行隶书铭文：“作壶者供春，误为瓜者黄麟，五百年后黄虹宾识为瘿，英人以二万金易之而未能。重为制盖者石民，题记者稚君。”

2. 紫砂胎朱红雕漆执壶

高 130mm 口径 78mm

明时大彬制。

紫砂胎朱红雕漆执壶现藏于北京故宫博物院。

该壶壶身呈方形，略呈上阔下敛状，圆口、环柄、曲流，腹、流、柄均为四方形，口及盖作圆形，方足四角承条形，矮足。朱红色漆层约 3mm，四面开光，内剔刻人物、山水、树石、花草等多层纹样，漆质优良，刻工精细，展现出明代宫廷雕漆艺术华美丰厚的艺术特点，同时也映衬出紫砂壶胎造型曲线的顺畅优雅。壶的底部髹黑漆，漆层下刻有“时大彬制”四字楷书款。

紫砂胎朱红雕漆执壶是一件紫砂工艺与漆器工艺相结合的巧妙作品，像这样精美传器，在于明代，也不多见，内胎应是时大彬壶原作无疑。当时大彬制壶享有盛名，并且进呈到宫中作为雕漆壶的内胎，这是宫内仅存的为文物界所公认的时大彬制作的紫砂壶。

3. 觚棱壶

高 72mm 宽 92mm

明李仲芳制。

觚棱壶材质为紫泥掺细砂，壶呈覆斗状，直口，矮颈，硕底，四角边足，直流，圆环飞把手。盖为坡式桥顶。壶底刻有“仲芳”二字楷书款。觚棱壶的整体造型有方中寓圆、圆中见方的奇妙特点，被誉为早期紫砂壶传统器皿中的“上品”，具有浓郁的古色古香的韵味。此壶现藏于香港茶具文物馆。

李仲芳，明万历至崇祯年间（1573—1644 年）江西婺源人。为紫砂名手李茂林长子。李仲芳最初和时大彬同为供春弟子，后来自觉制壶能力不如时大彬，转而向时大彬学艺，且“为高足第一”。他的作品技艺精湛，兼长家传与师承。

《阳羡茗壶系》中记载：“今世所传大彬壶亦有仲芳作之，大彬见赏而自署款识者，时人语曰：‘李大瓶，时大名’。”

4. 仿古虎錞壶

高 72mm 宽 84mm

明徐有泉制。

錞，也作錞釪，錞于，我国古代一种铜制的军乐器。其形如圆筒，上部比下部稍大，顶上钮。钮多作虎形，故常有“虎钮錞于”之称。

仿古虎錞壶创作于明万历四十四年（1616 年）。

壶的整体风格敦厚古朴，轻巧而有动感。仿古虎壶外形为宽肩敛足的青铜虎錞，并配以曲嘴、曲柄，圆虚嵌盖，扁圆钮，腰上弦纹，用一匀净的扁圆线装饰。壶的圆口可内藏壶盖的圆边，壶盖与口沿之间密不透风，壶嘴于肩向上弯，壶把在对面作弯形，乍看酷似古铜器。壶底刻款：万历丙辰秋七月有泉。该壶目前藏于香港茶具文物馆。

徐友泉（1573—1620 年），名士衡，明万历年间人。徐友泉是时大彬最为得意的学生之一。他对紫砂工艺在泥色品种的丰富多彩方面有杰出的贡献。他擅作仿古铜器壶，手工精细，壶盖与壶口能够密不透风。

5. 梨皮朱泥壶

高 65mm 宽 112mm

明惠孟臣制。

朱泥壶是别具一格的宜兴壶艺。朱泥壶无论在型制、泥胎的组成还是在茶艺文化的内容及壶艺出现的文化背景上，都与宜兴紫砂有不同的艺术风格。它的红润娟秀为玩家所娇宠，它的精微细腻是茶家们掌中的名门闺秀。朱泥壶代表了明末清初宜兴紫砂的特殊成就。

梨皮朱泥壶底款：庚寅仲秋孟臣仿古。紫砂壶盖：文九。

现为台湾收藏家藏品。1989 年台湾邮政总局首次发行了一组共四枚“茗壶邮票”，“梨皮朱泥壶”是其中之一。

惠孟臣大致生活在明代天启到清代康熙年间，荆溪人。他是明末最为出色的紫砂壶艺人。惠孟臣壶艺出众，独树一帜，作品以小壶多、中壶少、大壶最罕，所制茗壶大者浑朴，小者精妙。后世称为“孟臣壶”。仿制者众多，影响深远。

6. 三瓣盉形壶

高 110mm 口径 43mm

明陈仲美制。

盉，古代酒器，用青铜制成，基本造型为圆腹，带盖，前有流，下设三足或四足。是用以温酒或调和酒水浓淡的器皿。盛行于中国商代后期和西周初期。

此壶外形酷似先秦青铜器，材质为紫泥调砂，泥色古朴沉稳，颇有金属质感。壶艺家取古铜器中“盉”的造型，但同时又将壶身分作三瓣，与壶把、壶流相呼应，略带古拙韵味。此壶与徐友泉所仿古盉形三足壶粗看相似，细品则壶把、壶流、壶盖和钮都不相同。此壶底刻有“陈仲美”三字楷书款。此壶现藏香港中文大学文物馆。

陈仲美，生卒年不详，明万历至清顺治年间的著名陶人，原籍江西婺源，后慕名到江苏宜兴专事紫砂。陈仲美“好配壶土，意造诸玩”，可惜“心思殚竭，以夭天年”，年仅 34 岁。

（三）清朝时期精品紫砂壶

1. 梅桩壶

高 108mm 宽 146mm

清陈鸣远制。

梅桩壶现藏于美国西雅图博物馆。

该壶为紫砂泥胎，呈深栗色。壶身、流、把、盖全部由极富生态的残梅桩、树皮及缠枝组成，作品是一件强而有力的雕塑，壶上的梅花是用堆花手法，将有色的泥浆堆积塑造成型，栩栩如生。壶身刻行书铭款："居三友中、占百花上。鸣远。"款下盖"鸣远"篆书阳文方印。

陈鸣远，字鸣远，号鹤峰，又号石霞山人、壶隐，清康熙年间宜兴紫砂名艺人。他出生于紫砂世家，所制茶具、雅玩达数十种。他还开创了壶体镌刻诗铭之风，署款以刻铭和印章并用，款式健雅，有盛唐风格，对紫砂陶艺的发展建立了卓越功勋。在宜兴陶人中，除了惠孟臣，陈鸣远的作品被后人摹仿的最多。

2. 双竹提梁壶

高 160mm　口径 77mm × 82mm

清陈荫千制。

此壶现藏于南京博物院。

双竹提梁壶材质为紫砂，色泽赤赭，紫中泛黄，珠粒隐现，质地坚结。造型以竹子为题材，通身雕作竹形，是仿生变化的一件成功作品，反映出壶艺家创作的鲜明构思。盖钮和提梁作双竹相绞状，细部造型自然生动，空间与实体的变化恰到好处，而整体则依壶生变，夸张得法，尤显凝重端正，朴实无华。腹部堆雕竹枝纹一圈束腰，壶流与盖钮也都塑作竹形，捏塑成三节竹枝为流，提梁把竹枝处理得既挺劲又柔韧，构思别具匠心，不失为紫砂壶艺的精品。壶底钤有阳文篆书"陈荫千制"方印。

陈荫千是乾隆中期

宜兴制陶名家，生卒年不可考，善制竹节把壶，传世有双竹提梁壶一具，且分大、中、小三个不同规格，壶艺出众，反映了壶艺家精湛的技艺和深厚的功底。

3. 八卦束竹壶

高 85mm 口径 96mm

清邵大亨制。

八卦束竹壶俗称“龙头一捆竹”。此壶为邵大亨首创，胎泥材质细腻，色泽紫赭，深沉肃穆。器身造型以 64 根细竹围成，以合 64 卦之数。腰间束带以圆竹装饰。壶底四周由四个腹部伸出的 8 根竹子做足，上下一体，显得十分协调。壶盖浮雕八卦图，盖钮成太极图。壶流、壶把则饰以飞龙形象，别有生趣。八卦束竹壶将易学哲理巧妙地构思于紫砂壶上，极富中国传统文化意味。盖内钤“大亨”楷书瓜子形小印。

这把八卦束竹壶，不仅立意好、造型美，而且工艺也极为精细。布局有序、繁中见整，气度不凡。在技法上，看似繁琐，实则简洁，从中也体现了紫砂原料优越的可塑性，显示了壶艺家的精湛技艺和文学素养。八卦束竹壶展现了大亨壶的古朴之美与非凡气韵，可以说达到了紫砂艺术的最高峰！

八卦束竹壶现藏于南京博物院。1994 年邮电部发行《宜兴紫砂陶》特种邮票 4 枚，其中有一枚便是这件八卦束竹壶。

邵大亨（1796—1861），清嘉庆年间制壶大家，是继陈鸣远以后的一代宗匠。他制作的壶朴实庄重，气势不凡，突出了紫砂艺术质朴典雅的大度气息。他的壶“力追古人，有过之无不及也”。他的作品在清代时已被嗜茶者及收藏家视为珍宝，有“一壶千金，几不可得”之说。

4. 井栏提梁壶

高 141mm

清杨彭年制、陈曼生铭。

井栏提梁壶为深紫砂泥质，呈紫褐色，外形是仿提梁圆木桶，简练、大方，

流短且直，嵌盖，桥钮，壶肩两端设圆形提梁，壶底略大于直口，造型稳健。壶面较宽，宜书宜画。紫砂壶身刻铭：“左供水，右供酒；学仙佛，付两手。壬申之秋，阿曼陀室铭提梁壶。”盖印：彭年。“壬申”即1812年。

井栏提梁壶大概是陈曼生最早命制的紫砂壶。此壶虽然外形普通，但壶身铭文书法及陶刻功夫都是超群的。故后人欣赏壶上的书画多于制壶工艺。

此壶现藏于香港茶具文物馆。

杨彭年，字二泉，清乾隆至嘉庆年间宜兴紫砂名艺人。他善制茗壶，尤巧配泥，擅长手制壶嘴而不用陶模。虽随心所欲，但壶身和壶嘴搭配无不协调，为同行所钦羡。他的紫砂壶已达到“拎盖而起壶”之佳境。杨彭年又善铭刻、工隶书，追求金石味。他与当时名人雅士陈鸿寿（曼生）、瞿应绍（子冶）、朱坚（石梅）、邓奎（符生）、郭麟（祥伯、频伽）等合作镌刻书画，技艺成熟，至善尽美。世称“彭年壶”、“彭年曼生壶”，声名极盛，对后世影响颇大。

5. 方斗壶

高 65mm 口径 47 mm

清黄玉麟制。

方斗壶的材质为紫红泥铺砂，器身铺满金黄色的桂花砂。壶形仿古代农村用以量米的方斗，壶身上小下大，由四个正梯形组成，正方形嵌盖，盖上有立方钮，壶流与把手均出四棱，整体刚正挺拔、坚硬利索、素面铺砂，不仅方中见秀，而且清新别致。盖内有“玉麟”方印，壶底钤“愙斋”印款。“愙斋”即吴大澂斋名。

壶体两面刻有图文：一面刻有“扬州八怪”之一的黄慎的《采茶图》：一老者席地而坐，身旁一篮清茶，并刻“采茶图，廉夫仿瘿瓢子”。“廉夫”是近代著名画家陆恢的字，“瘿瓢子”是黄慎。另一面刻有吴大澂书写的黄慎《采茶诗》：“采茶深入鹿麋群，自翦荷衣渍绿云。寄我峰头三十六，消烦多谢武陵君。瘿瓢斋句，客斋。”这是黄玉

麟与吴大澂合作最有代表性的一把壶。

目前，此壶藏于美国尼尔逊博物馆。

黄玉麟（1842—1914年），清末制壶名家，为邵大亨之后又一重要的紫砂名手。他“每制一壶，必精心构选，积日月而成，非其重价弗予，虽屡空而不改其度”。他制作的壶选泥讲究，作品精巧不失古意。代表作有“鱼化龙壶”、“供春壶”等。

6. 粉彩灵芝壶

高 130mm 口径 60 mm 宽 60 mm

清，无款。

粉彩灵芝壶制作于清乾隆年间，是宜兴进贡宫廷的紫砂素胎，在宫中作坊施加釉上彩的茶壶。这把茶壶色彩粉润柔和，粉彩的画面线条纤细秀丽，形象生动逼真，富有立体感。该壶设计成方形，壶面上有紫砂陶塑——九支灵芝。壶面满绘拼莲花，意喻“饮茶长寿”。壶盖为嵌入式，出水孔为单方孔，持壶时应为四指穿孔、大拇指压盖，较为顺手得宜。整个紫砂壶作品既华丽又吉祥。

该壶现为台北故宫博物院藏品。1991 年台湾邮政总局第二次发行“蒋壶邮票”一套五枚，其中二枚为紫砂壶邮票，此壶则为其中之一。

7. 画珐琅牡丹紫砂方壶

高 831mm 宽 112mm 口横长 65mm × 65 mm 底横长 71mm × 71 mm

清康熙御制款。

画珐琅牡丹紫砂方壶呈四方形，直口，方形曲把、短流，平底，矮圈足，并带方形拱状盖及方形盖纽。盖纽底边饰蓝料莲瓣纹及白底红点纹一周，盖面饰月季、菊花、水仙等花朵，素胎壶腹四面分画各色牡丹、荷花、秋葵、梅花等四季折枝花卉，秋葵部分并有秋海棠、雏菊等秋天的草花陪衬。紫砂胎地略粗，间杂黑、黄砂点，砂点脱落处可见棕眼细孔。壶底款识部分以白彩为地，上书“康熙御制”四字蓝料楷款，外加粗细双方框。

珐琅彩紫砂壶一般专作宫廷玩赏器和宗教、祭礼的供器，制作极为考究。康熙御用宜兴胎珐琅彩茶器，皆在宜兴制坯烧造精选后，送至清宫造办处再由宫廷画师加上珐琅彩绘，然后低温烘制而成。此方形壶釉彩鲜丽，画工精巧，器表无施透明釉，传世只此一件，为清代宫廷极为珍稀的御用茶器。

清康熙、乾隆时代是紫砂壶第二个发展时期。当时紫砂茗壶特别讲究外表的装饰，除了画珐琅、粉彩，还有刻画、泥绘、包锡、炉均等特种工艺装饰。

此壶现藏于台北故宫博物院。1991 年台湾邮政总局第二次发行“茗壶邮票”一套五枚，其二枚为紫砂壶邮票，此壶为其中之一。

（四）近现代时期精品紫砂壶

1. 陆羽茶经壶

近代蒋彦亭制。

陆羽茶经壶造型独特。壶身由一段松木和茶圣“陆羽”组成，以民间雕塑手法塑造，结构分明。人物衣纹流动自然，面部塑造精细、光润，工艺性强。壶嘴一松枝伸展自如，又一松枝弯曲成把，以树段平面为壶的嵌盖，上置一书卷，人物与书卷相对应。壶胎以深团泥制作，并粉饰古朴色泥，堆、雕、捏、塑，开创紫砂壶艺新天地。底钤“蒋”字异形印款，把梢下有“燕庭”腰圆章。

蒋彦亭在制作陆羽茶经壶时别出心裁，一改以往陶匠用陶模制壶的惯例，采用雕塑手法制壶。

蒋彦亭（1890—1943 年），原名鸿高、鸿鹄，曾用名志臣，后改名燕庭、彦亭，宜兴川埠潜洛人。蒋彦亭幼承家学庭训，随父蒋祥元制壶，擅制水盂、水滴、文房用具、杂玩等项。蒋彦亭善配制紫砂泥色，其作品古色古香、艺趣横生。

2. 僧帽壶

高 122mm 宽 183mm

现代顾景舟制。

这把僧帽壶结构严谨，线条流畅，棱角突起，口盖紧密，分毫不差。壶身作为六角形的僧帽，从壶盖开始，整个壶分为六等分。壶冠分五瓣莲花，而第六瓣则改为流。平带形的把手在壶流的对面，壶把的上弯有一按指位。壶底有顾景舟方印，并刻有“一九七五年六月为国祥同志作”十三字楷书款式。盖印“景舟”小章。

顾景舟制作的僧帽壶把形、质、神发挥得淋漓尽致。僧帽壶轮廓清晰、锋芒内敛，各个部分的衔接自然贴切、和谐挺刮，造型上节奏紧凑、浑然一体。壶嘴与壶身的连接处、壶颈的肩线线条等细节处都显现出手工艺的趣味和紫砂传统造型艺术的精神。

僧帽壶因壶口形似僧帽而得名，造型为口沿上翘，前低后高，鸭嘴形流，壶盖卧于口沿内，束颈、鼓腹、圈足、曲柄。具有强烈的少数民族风格。紫砂僧帽茶壶始做于明代金沙寺，后经时大彬等人传承，但到了清代相继失传。由于僧帽壶的壶身为等边等面折腰六方形，所以在泥片的对角连接工艺过程中需要扎实的陶艺基本功和深厚的文化底蕴。

3. 阴阳太极壶

高 570mm 直径 123mm

现代吕尧臣、吕俊杰制。

阴阳太极壶由我国著名工艺美术大师吕尧臣、吕俊杰父子历经四年苦心探索，倾力打造完成的。该壶是吕氏父子炉火纯青的巅峰之作，素有“天下第一壶”之称，具有无可估量的收藏鉴赏价值。

阴阳太极壶是传统文化精髓与显性紫砂语言的水乳交融之作。作品以“阴阳太极图”为元素，将金、木、水、火、土五行以抽象方式表达，同时借鉴明代家具“榫卯”结构，采用“壶中藏壶”的方式将阴壶的红色、阳壶的黑色合二为一。两把壶的“把手”神似抽象的男女人体，并呈现相互勾连之态，寓意阴阳相合相生、生生不息的“和谐、生福(壶)”理念。细节造型取“6”代表“顺”的寓意，壶中暗藏6个“60”的寓意符号，以对应建国60周年，寓意六六大顺，天作之合。其在创意、造型、工艺和材质上的超凡表现，已超越历代名壶。

吕尧臣（1941— ），宜兴人，我国工艺美术大师，当代紫砂界的一座丰碑，几百年紫砂艺术尤为杰出者，以自创的“吕氏绞泥”著称于世，是收藏界、艺术界、权威人士公认的“壶艺泰斗”、“一代宗师”、“壶艺魔术师”。

吕俊杰为吕尧臣之子是江苏省工艺美术大师，承泰斗衣钵，是中国紫砂界新生代领军人物，其作品拍价在青年大师中独占鳌头。

4. 万代安福壶

高 100mm 宽 180mm

现代唐朝霞制。

万代安福壶为紫砂胎施珐琅釉，加彩、描金等多种工艺结合而成。此壶于华彩富丽中显示乾隆时期皇家壶器之风范。该壶壶身为十六等分菊花瓣，与壶钮和壶盖巧成三叠菊球形，自上而下贯通一气。壶盖采用压嵌盖结构，可任意旋转且上下吻合。外壁施珐琅釉，彩绘如意、蝙蝠、牡丹、万字等吉祥纹饰，祈福万代幸福安康。万代安福壶在第五届中国工艺美术大师精品博览会荣获金奖。

唐朝霞（1968— ），女，江苏省宜兴市人。其先祖唐凤芝、唐祝和系民国时期著名的制陶名家。唐朝霞身在芝兰之室，自幼受芬芳熏染，经过家传技艺严格训练和刻苦勤奋的抟泥实践，形成了“气韵丰茂、神形兼备”的独特风格。唐朝霞的壶艺作品单纯而不单调，规矩而不呆板，平凡中透着雅致、稳重间飘逸着柔美。

四、紫砂茶具与中国茶文化

（一）中国茶文化

中国是茶文化的发祥地，又是茶的原产地。中华茶文化源远流长，博大精深，既包含物质文化层面，也包含深厚的精神文明层面。

在中国茶文化中，茶道是核心。茶道包括两方面内容：一是备茶泡茶的技艺、规范和品饮方法，通常称为“茶艺”；二是茶道的精神内涵、境界妙用，即茶道的思想，也就是品茗之中寓含的陶冶情操、修身养性、启迪智慧的妙用。广义的茶道，应该是包括茶艺在内的；狭义的茶道，与茶艺并列，也就是上述“精神内涵、境界妙用”的部分。

陆羽在中国茶文化的发展过程中起到了关键性的作用。唐朝上元初年（760年）,陆羽隐居江南各地，撰《茶经》三卷，成为世界上第一部茶的著作。陆羽在《茶经》十章中，除了介绍茶的性状起源、制茶工具、造茶方法、煮茶技艺、要领与规范之外，还阐明了富有哲理的茶道精神，并强调“茶之为用，味至寒，为饮，最宜精行俭德之人”，这“精行俭德”四字，便成了传统茶道的基本思想内涵。

茶道的精神内涵几经发展完善，形成了重要的“四要素”——艺、礼、境、德。

1. 艺：即饮茶艺术。茶艺有备器、择水、取火、候汤、习茶五大环节。茶、水、火、器，被称为茶艺“四要素”。

茶品主要讲求形、色、香、味，并以此作为区分茶叶优劣的标准。目前中国有十大名茶：西湖龙井、洞庭碧螺春、黄山毛峰、庐山云雾、六安瓜片、君

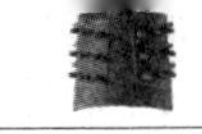

山银针、信阳毛尖、武夷岩茶、安溪铁观音、祁门红茶。

形，指茶叶外表的形状，大体有长圆条形、卷曲圆条形、扁条形、针形、花叶形、颗粒形、圆珠形、砖形、饼形、片形、粉末形等。

色，指干茶的色泽、汤色和叶底色泽。因制法不同，茶叶可做出红、绿、黄、白、黑青等不同色泽的六大茶类，茶叶色度可分为翠绿色、灰绿色、深绿色、墨绿色、黄绿色、黑褐色、银灰色、铁青色、青褐色、褐红色、棕红色等，汤色色度分为红色、橙色、黄色、黄绿色、绿色等。

香，指茶叶经开水冲泡后散发出来的香气，也包括干茶的香气。鲜叶中含芳香物质约 50 种，绿茶中含 100 多种，红茶中含 300 多种。按香气类型可分为毫香型、嫩香型、花香型、果香型、清香型、甜香型等。

味，指茶叶冲泡后茶汤的滋味。茶叶与所含有味物质有关：多酚类化合物有苦涩味，氨基酸有鲜味，咖啡碱有苦味，糖类有甜味，果胶有厚味。按味型可分为浓厚、浓鲜、醇和、醇厚、平和、鲜甜、苦、涩、粗老味等。味型近似区分极难，全靠舌头的精细感觉。

水，水品以清、活、轻、甘、冽作为区分优劣的标准。“清”指无色、透明、无沉淀；“活”指“活水”，即流动的水；“轻”指比重轻的，一般是宜茶的软水；“甘”指水味淡甜；“冽”指水冷、寒，尤以冰水、雪水为最佳。陆羽在《茶经》中提到，择水以“山水上，江水中，井水下”，雨水、雪水是“天水”，烹茶亦佳。水中通常都含有处于电离子状态下的钙和镁的碳酸氢盐、硫酸盐和氯化物，含量多者叫硬水，少者叫软水。硬水泡茶，茶汤发暗，滋味发涩；软水

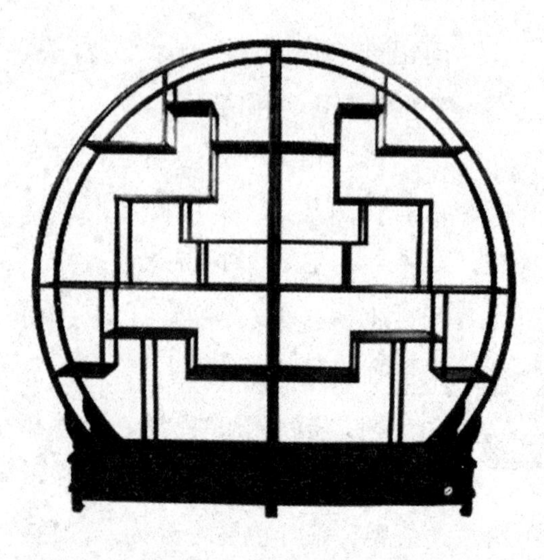

泡茶，茶汤明亮，香味鲜爽。所以软水宜茶。

火，活火为佳，活火一是燃料要讲究；二是应注意火候，包括火力（急火、旺火、慢火）、火度、火势、火时，观火候主要看汤，即观察煮水的全过程，这是针对煮茶而言的。方法是“三大辨，十五小辨”。明代以后，由于煮茶发展为以开水冲泡，水开即冲茶，此时无须“三大辨、十五小辨”。燃料也已多样化。“活火”主要指燃料选择上燃烧值高、燃烧无异味。

器，指饮茶的器具，以宜兴紫陶为首选。紫砂茶具工艺独特，是品茗妙器。古人云：“壶必言宜兴陶，较茶必用宜壶也。”宜兴茗壶已成为一门艺术，并形成派系，大体划分有创始、正始、大家、名家、雅流、神品、别派等。除陶瓷外，还有用金、银、铜、玉器、玛瑙、玻璃、搪瓷、竹木、椰壳等材料制作的茶具，也别有艺术风味，新材料中以玻璃茶具为佳，特别是品饮形色俱佳的名茶如龙井、白毫银针、碧螺春等，既可品饮，又可观尝茶芽之奇姿美色，可助茶兴。

以上所述即为茶艺的基本构成要素。茶艺是茶道的基础和载体，是茶道的必要条件。茶道离不开茶艺，舍茶艺则无茶道。茶艺的内涵小于茶道，但茶艺的外延大于茶道。茶艺作为一门艺术可以独立于茶道而存在，也可以进行舞台表演。

2. 礼：茶道活动要遵循一定的礼法进行。茶事活动中的礼仪、法则包括择地（以优雅宁静的场地为佳，辅以适当氛围布置点缀）、茶事流程、动作手势、奉茶规矩等等。

礼是约定俗成的行为规范，是表示友好和尊敬的仪容、态度、语言、动作。茶道之礼有主人与客人、客人与客人之间的礼仪、礼节、礼貌。

茶道之法是整个茶事过程中的一系列规范与法度，涉及到人与人、人与物、物与物之间的一些规定，如位置、顺序、动作、语言、姿态、仪表、仪容等。

茶道的礼法随着时代的变迁而有所损益，与时偕行。在不同的茶道流派中，礼法有不同，但有些基本的礼法内容却是相对稳定不变的。

3. 境：所谓茶境，是指茶事过程导人所入之境，并非是场地环境之意。

茶道是在一定的环境下所进行的茶事活动。茶道对环境的选择、营造尤其讲究，旨在通过环境来陶冶、净化人的心灵，因而需要一个与茶道活动要求相一致的环境。茶道活动的环境不是任意、随便的，而是经过精心的选择和营造。

茶道环境有三类：一是自然环境，如松间竹下、泉边溪侧、林中石上。二是人造环境，如僧寮道院、亭台楼阁、画舫水榭、书房客厅。三是特设环境，即专门用来从事茶道活动的茶室。茶室包括室外环境和室内环境，茶室的室外环境是指茶室的庭院，茶室的庭院往往栽有青松翠竹等常绿植物及花木。室内环境则往往有挂画、插花、盆景、古玩、文房清供等。总之，茶道的环境要清雅幽静，使人进入到此环境中，忘却俗世，洗尽尘心。

4. 德：茶德是茶事中所寓含的精神、理念、品性与道德。茶中之德，如道家的“清静无为”，如佛家的“般若自在”，如儒家的“清心寡欲”，讲究清而不浮，静而不滞，淡而不薄，在修心中喝茶，于品茶中养性。

中华茶道的理想就是养

生、怡情、修性、证道。证道是修道的结果，是茶道的理想，是茶人的终极追求，是人生的最高境界。茶道的宗旨、目的在于修行。修行是为了每个参加者自身素质和境界的提高，塑造完美的人格。

（二）功夫茶道

功夫茶是一种泡茶的技法。其得名是因为这种泡茶的方式极为讲究，操作起来需要一定的功夫。此功夫具体说来就是沏泡的学问，品饮的功夫。

功夫茶道的步骤包括：治器与纳茶，候汤，冲点、刮沫、淋罐、烫杯，洒茶与品茶。

1. 治器与纳茶

烹茶之前，应该先升火烹水。候沸期间，可将一应茶具取出，陈列就位。

水初沸时，提铫用水淋罐、杯使其预热、洁净。然后将铫再次置于炉上加热。倒出罐中沸水，开始纳茶。

纳茶的功夫很重要，它关系到茶汤的质量、斟茶时是否顺畅、汤量是否恰到好处等环节。纳茶之法，须从茶罐中倾茶于素纸上，先取其最粗者，填于罐底滴口处；再用细末，填塞中层，另以稍粗之叶，撒于上面。纳茶之量，应视不同品种而定。此外，还要参看茶叶中整茶与碎茶间的比例而作适当调整，碎叶越多，纳茶量

越少，反之碎叶越少，纳茶量越多。总之，纳茶必须具有一定的技巧与经验。

2. 候汤

古人品茶，最重视煎水的好坏。水煎得过头就会变“老”（或称“百寿汤”），煎得不及就会太“嫩”（或称“婴儿沸”）。这种讲究看似繁琐，却很有其道理。没烧开或初沸的“嫩”汤，泡不开茶；而开过头的水，随着沸腾时间的延长，会不断排出溶解于水中的气体，即陆羽所说的“水气全消”，亦会影响茶味。特别是不少河水、井水中含有一些亚硝酸盐，煮的时间太长，随着蒸发的加剧，其含量相对增加；同时，水中的部分硝酸盐亦会因受热时间长而被还原为亚硝酸盐。亚硝酸盐是一种有害的物质，对人体不利。

不同品种的茶叶，对水温有不同的要求。高级绿茶多以嫩芽制成，不能用100℃的沸水冲泡，一般以80℃左右为宜。红茶、花茶及中低档绿茶则要求用100℃沸水。乌龙、普洱及沱茶，每次用量多，茶叶又较粗老，更要求用沸滚的水冲泡。

按传统，功夫茶炉与茶几间应隔七步：

首先，炭火在燃烧时会排出些许气味，茶炉与茶几拉开距离，可以避烟火气；其次，砂铫置火炉上，扇火时难免有火屑洒落铫嘴，所以老练的茶客在冲水入罐前总要倾去一点“水头”，来清除不易觉察的灰垢。扇火催沸时火苗四串，而罐嘴中空，

无水可传热，其热度远在百度以上，如不稍事冷却，倾出“水头”时，刚接触到罐嘴的水柱会溅出滚烫的水珠，弄不好会伤人；再次，刚到三沸的水经短暂的停留，正好回到不嫩不老的三沸状态。

3. 冲点、刮沫、淋罐、烫杯

取滚汤，揭罐盖，沿壶口内缘冲入沸水，叫做冲点。冲点时水柱切忌从壶心直冲而入，那样会“冲破茶胆”，破坏纳茶时细心经营的茶层结构，无法形成完美的“茶山”。冲点要一气呵成，不要迫促、断续，即不要冲出宋人所说的“断脉汤”。冲点时砂铫与冲罐的距离要略大，叫“高冲”，使热力直透罐底，茶沫上扬。

刮沫：冲点必使满罐而忌溢出，这时茶叶的白色泡沫浮出壶面，即用拇指与食指捏住壶盖，沿壶口水平方向轻轻一刮，沫即坠散入茶垫中，旋将壶盖定。

淋罐：盖定后，复以热汤遍淋壶上，以清洁沾附壶面的茶沫。壶外追热。内外夹攻，以保证壶中有足够的温度。冬日烹茶，这一环节尤为重要。

烫杯：淋罐后，将铫中余汤淋杯。砂铫添水后放回炉上烧第二铫水。再回到茶几前“滚杯”：用食、中、拇三指捏住茶杯的杯口和底沿，使杯子侧立浸入另一个装满热汤的茶杯中，轻巧快速地转动，务使面面俱到，里外均匀地受洗受热。每个茶杯都要如此处理。因为只有“烧（热）盅烫罐”即杯罐皆热，方能起香。

用盖瓯瀹茶时，上述程序大体相同。但盖瓯不

宜淋罐，所以刮沫以后，一般是迅速将瓯中茶汤倾入茶洗，再次冲点。这样做的目的是：起“洗茶”及预热作用；追热，以弥补不能淋罐的缺陷。

4. 洒茶与品茶

冲点后，经淋罐、烫杯、倾水，正是洒茶的适当时刻。从冲到洒的过程，俗称为“翕”。翕要恰到好处，太速则香味不出，太迟则茶色太浓，茶味苦涩。洒茶时冲罐要靠近茶杯，叫“低斟”，以免激起泡沫、发出滴沥声响，还可防止茶汤依次轮转洒入茶杯，须反复二三次，叫“关公巡城”，使各杯汤色均匀；茶汤洒毕，罐中尚有余沥，须尽数滴出并依次滴入各杯中，叫“韩信点兵”。余沥不滤出，长时间浸在罐中，味转苦涩，会影响下一轮冲泡质量；余沥又是茶汤中最醇厚的部分，所以要均匀分配，以免各杯味有参差。

洒茶既毕，即可延客品茶。品饮时杯沿接唇，杯面迎鼻，边嗅边饮。饮毕，三嗅杯底。此时“芳香溢齿颊，甘泽润喉吻，神明凌霄汉，思想驰古今。境界至此，已得工夫茶三昧”。

茶館文化

本书从茶的起源开始讲起，告诉读者茶如何从简单的饮变成中国一种特有的文化现象，以及南北方茶馆的地理分布和功能介绍，为之勾勒了一幅茶馆在中国的兴衰走势图，并从各个侧面介绍茶馆如何承载着宴饮聚会、娱乐生活、洽谈生意、品谈人生等几个方面的功能，将茶馆现象上升为一种文化现象，寄托着中国借物咏怀的传统道德情节。

一、茶馆文化漫谈

（一）茶之文化

1. 唐代茶文化

从《封氏闻见记·卷六·饮茶》中我们可知，在唐代茶文化形成的过程中，饮茶是由寺庙僧人开始的。僧人参禅务于不寐，同时品茶又有助于参禅，通过品茶悟得“茶禅一味”。而当文士在其内在的佛心禅思的驱动下，在与僧人交往参禅悟道的过程中也品得了茶味时，他们便会写下这种感受，用自己的诗文对茶进行赞美和歌咏。纵观整个唐代茶诗，其中不乏有赞茶诗和咏茶诗的名作，这其中更表现了文士的爱茶之趣、煮茶之趣和饮茶之趣。

诗僧皎然赞茶时说“此物清高世莫知”，茶在文士中的地位更是被拟人化，提高到了一位谦谦君子的高度。“洁性不可污”的茶在文士的笔下得到了全方位的赞扬与肯定，文士的参与也成为茶文化繁荣的重要因素之一。杜牧在诗《题茶山》中赞茶“山实东吴秀，茶称瑞草魁”。文士爱茶，同样在尝茶后要从各个方面来赞茶，文士首先接触的是茶的本味，也就是在尝茶的过程中首先开始喜欢上茶及茶的品质。所以文士在诗歌中一般会首先从茶味的赞咏中来表达自己的爱茶之趣，在诗歌中文士会极度赞咏茶之本味和功效。最终通过艺术化的手法对茶味进行赞咏，从而获得一种文士的雅趣。其次，在尝得茶之本味并对茶味进行赞咏后，

文士便由尝茶转而开始亲自种茶，其中也有对茶树的喜爱之情，通过种茶来体现自己的爱茶之趣。再次，茶有优劣之分，文士往往都喜欢名茶，而水对茶味之香也有重要的作用。陆羽就很重视水对茶的作用，他在《茶经·五之煮》中提出“其水，用山水上，江水中，井水下”。因此文士在赞咏名茶时也对水进行赞咏。最后，茶具也是品茗时不可或缺的组成部分，文士也通过对茶具的赞咏来体现自己的爱茶雅趣。

纵观中国的饮茶历史，我们知道饮茶法有煮、煎、点、泡四类，形成茶艺的有煎茶法、点茶法、泡茶法。而从茶艺方面来说，中国茶道先后产生了煎茶道、点茶道、泡茶道三种形式。依唐代历史发展而言，中唐前是中国茶道的“酝酿期”，中唐以后，饮茶成风，比屋连饮。肃宗、代宗时期，陆羽著《茶经》，奠定了中国茶道的基础。而后又经皎然、常伯熊等人的实践、润色，形成了“煎茶道”，虽然煎茶道是后来的茶道形式的一种，但是在唐代有煮茶之说，亦有煎茶之论。由于煎茶成为茶道形式，所以在此我们主要以煎茶之说为主，但也有必要介绍一下煮茶之法。

《茶经·六之饮》说：“饮有粗茶、散茶、末茶、饼茶者。”茶类不同，其饮用的方式自然也不相同。不过众所周知，唐代最盛行的还是饼茶，其饮用方式是煮茶法，即烹茶。因为是饼茶，所以具体步骤是先将茶饼烘烤去掉水分，后磨碎筛成粉末，再放到锅里煮成茶汤饮用。关于煮茶的详细记载见于《茶经·五之煮》：“其沸，如鱼目，微有声，为一沸；缘边如涌泉连珠，为二沸；腾波鼓浪，为三沸；已上，水老，不可食也。初

沸，则水合量……第二沸，出水一瓢，以竹筴环激汤心，则量末当中心，而下有顷势若奔涛，溅沫以所出水止之，而育其华也。”这是陆羽在记载具体煮茶的步骤，煮茶过程要注意三沸。也就是水刚烧开时，水面出现像鱼眼一样大小的水珠并微微发出响声，称之为一沸，此时要加入一勺盐调味。当锅边水泡如涌泉连珠时称为二沸，此时要舀出一瓢水用。再用竹筴在锅中心搅打使开水呈旋涡状，然后将茶粉从旋涡中心倒进去。一会儿锅中茶水“腾波鼓浪”时称为三沸，此时要将刚才舀出来的那瓢水再倒入锅里，茶汤就算煮好了，将它舀进茶碗里便可奉客饮用。

简单的煮茶过程在陆羽的笔下被描绘得如此的艺术化，煮茶也成为了一项艺术。“诗必有所本，本于自然；亦必有所创，创为艺术。自然与艺术结合，结果乃在实际的人生世相之上，另建立一个宇宙，正犹如织丝缕为锦绣，凿顽石为雕刻，非全是空中楼阁，亦非全是依样画葫芦。诗与实际的人生世相之关系，妙处惟在不即不离。惟其‘不离’，所以有真实感；惟其‘不即’，所以新鲜有趣。”也正因为煮茶过程是如此的艺术化，乃至文士在品茶的时候往往也是以亲自煮茶为一种艺术享受。同时由于场景的迥异可以给文士不同的艺术享受，因此他们在室内、庭院煮茶；甚至躬身于山林泉边、松下江畔的自然环境中来亲自煎茶，并且在煮（煎）茶的过程中充分领略煮（煎）茶带来的精神享受，倾听水煮沸的声音和观赏煮（煎）茶而

起的茶沫，进而用自己的诗歌来艺术化。这些都是文士雅意情趣的表现，反映了他们所追求的一种文人意趣。

饮茶对于一般百姓来说是日常生活中的一部分，而对文士来说则是其休闲生活的一部分。陆羽在《茶经·六之饮》中说："天育万物，皆有至妙，人之所工，但猎浅易。所庇者屋，屋精极；所著者衣，衣精极；所饱者饮食，食与酒皆精极。"这也就是说，人们对衣食住行都要讲究精极的情趣，显然陆羽认为饮茶的过程也应该是有情趣的，也要讲究精神享受。投身于自然环境中来饮茶对于文士来说往往是偶尔为之，大部分文士还是在庭院屋内的人文环境中饮茶。酒醒之后、案牍之余，文士为解乏，清神便会在日常生活中独坐窗前屋下静心品茶，独自品饮茶中香味，享受午后片刻的安宁，这其中不乏有一种享受生活、追求雅静的意趣。

2. 宋代茶文化

宋代是中国文化史发展的最高阶段，也是茶文化发展的鼎盛时期。我国历来就有"茶兴于唐，而盛于宋"的说法。宋代茶文化兴盛，茶成为宋代上至帝王将相，下至乡闾庶民日常生活中不可或缺的饮品。以茶待客、以茶为媒等茶礼茶俗自宋代开始流行起来。同时，茶作为一种题材，广泛地进入文人的创作领域，诗歌自不必说，在词、赋、序、论等各种文体中，均能见到关于茶的记叙或论述。

宋代在赢得相对安定的政治环境后，在经济方面得以持续发展，其商品经济的发达程度甚至超越了唐代。坊市制度被打破，商业大都市形成，商业活动活跃，商品意识不仅在社会中滋生蔓延，更渗透到文化领域，影响着文学艺术的发展。《东京梦华录》里这样描绘当时的大都会东京："举目则青楼画阁，绣户珠帘，雕车竞驻于天街，宝马争驰于御路，金翠耀目，罗绮飘香。新声巧笑于柳陌花衢，按管调弦于茶坊酒肆。八荒争凑，万国咸通。集四海之珍奇，皆归市

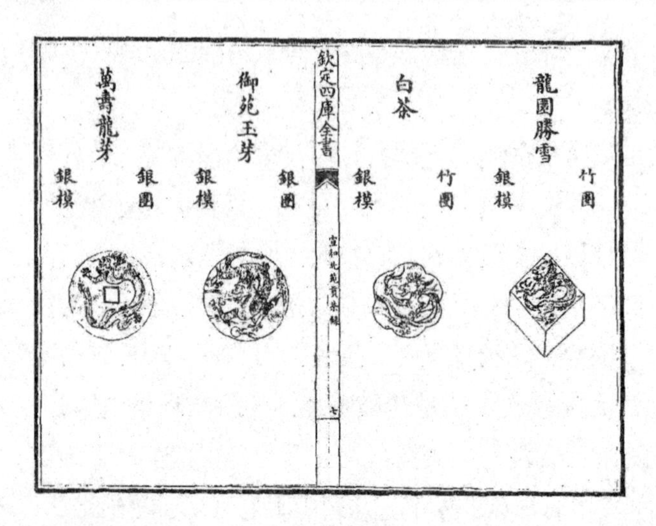

易。”在北宋词人柳永笔下杭州是这样一番繁华景象：“东南形胜，三吴都会，钱塘自古繁华。烟柳画桥，风帘翠幕，参差十万人家。云树绕堤沙，怒涛卷霜雪，天堑无涯。市列珠玑，户盈罗绮，竞豪奢。”周邦彦笔下的元宵节时大都会的热闹繁华景象更是非同寻常：“风销焰蜡，露浥烘炉，花市光相射。桂华流瓦。纤云散，耿耿素娥欲下。衣裳淡雅。看楚女、纤腰一把。箫鼓喧、人影参差，满路飘香麝。因念都城放夜。望千门如昼，嬉笑游冶。钿车罗帕。相逢处、自有暗尘随马。年光是也。唯只见、旧情衰谢。清漏移，飞盖归来，从舞休歌罢。”从这些侧面我们可以看出宋代商品经济的繁盛，城市的发达。

茶肆、茶坊、茶店在宋代大城市极为常见，是城市商品经济发达的产物。“大茶坊张挂名人书画，在京师只熟食店挂画，所以消遣久待也。今茶坊皆然。冬天兼卖擂茶，或卖盐鼓汤，暑天兼卖梅花酒。”除茶肆、茶坊这些固定的饮茶店铺外，还有一些流动的摊贩，诸如“至三更方有提瓶卖茶者。盖都人公私荣干，夜深方归也”，“更有提茶瓶之人，每日邻里，互相支茶，相问动静”，“巷陌街坊，自有提茶瓶沿门点茶，或朔望日，如遇吉凶二事，点送邻里茶水，倩其往来传语”。以上反映了宋代民间饮茶的风尚。两宋时，由于饮茶风气的兴盛，百姓庶民对茶叶的需求不断扩大，客观上刺激了茶叶商品生产的发展。

值得一提的是，宋代自开国君主太祖开始，历任君王无不爱茶、嗜茶，宋徽宗赵佶更是点茶斗茶的行家里手，徽宗不仅热衷于参与茶事活动还亲自撰书，其《大观茶论》一书对宋代点茶之法做了详细的论述，与蔡襄的《茶录》共同描绘出了宋代点茶法的全貌。宋代帝王对茶文化的影响主要通过贡茶和赐茶来体现。我国古代贡茶，有两种形式：一种是地方官员自下而上选送的，称为土贡；另一种是由朝廷指定生产的，称贡焙。两宋时由于皇帝嗜茶，佞臣为投其所好“争新买宠”，挖空心思创制新的贡品茶，这一劳民伤财的做法虽为人们所

诟病，却在客观上促进了宋代茶业的发展。贡茶的惯例在北宋建国初沿袭下来，得到了长足发展，出现了北苑官焙茶园。北苑茶兴于唐，盛于宋，历经唐、宋、元、明四个朝代，在我国茶叶史上影响巨大，特别是在宋代，北苑贡茶穷极精巧，其团茶加工工艺达到了登峰造极的境界。“太平兴国初，特置龙凤模，遣使即北苑造团茶，以别庶饮，龙凤茶盖始于此。”北宋太平兴国初年，朝廷派遣使臣在北苑刻制有龙凤图案的模型，制成龙凤团茶，专供皇帝皇后饮用。蔡襄在任福州转福建路转运使时，添创了小龙团茶。蔡襄之后，宋代贡茶开始往更加精细的方向发展，小龙团之后，密云龙、瑞云祥龙、龙团胜雪……茶叶越来越细嫩，茶饼越来越小巧，茶饼上的图案越来越精致。宋代不仅贡茶的质量不断提高，北苑官焙茶园的贡茶量也持续增加。据《宣和北苑贡茶录》记载：“然龙焙初兴，贡数殊少，累增至元符，以片计者一万八千，视初已加数倍，而犹未盛。今则为四万七千一百片有奇矣。”宋代贡茶数量较多，因此帝王手中掌握着大量质量上等的茶叶，宋代帝王为表皇恩浩荡及爱才惜才之情，常将贡茶赐予文人士大夫、军士武将或僧侣庶民。《七宝茶》载：“啜之始觉君恩重，休作寻常一等夸。”对宋代士人来说，能够得到皇帝赏赐的茶无疑是一种至高无上的荣耀。上有所好，下必甚焉，茶叶由于宋代帝王的推崇进入了寻常百姓家，宋代茶文化经过帝王的推波助澜进一步精细化、艺术化、理论化，使得茶不仅是百姓日常生活中不可或缺的饮品，更是文人士大夫诗意生活中必不可少的生活元素。

通过对中国茶文化发展脉络的梳理和对宋代茶文化兴盛的表现及原因的分析，我们可以看出宋代茶文化发展的独特之处，即宫廷茶文化和市民茶文化的兴盛，宫廷茶文化使得宋代茶业经济更加繁盛，茶叶更加精细尊贵，市民茶文化则主要把饮茶作为社会交际、增进感情的方式，而连接宫廷与市民两极，真正引领宋代茶文化潮流的则是文人士大夫，他们对茶文化的贡献在于真正将茶与艺术、茶与人生结合起来，并在品茗中渗透

着宋代士大夫的意识。

3. 禅茶文化

吴言生教授指导的《中国禅茶文化的渊源及流变》一文，较为详尽地向我们阐释了禅茶文化由始而兴的发展过程，是较为详细的一篇介绍。而我们回过头来看茶在中国的发展史，饮茶之风得以盛行，确与佛教在中国的发展有着紧密的关联：佛教僧人坐禅、饮茶，以茶参禅，并最终将茶引入了参禅开悟的精神领域。茶不仅是僧人解渴提神的饮品，还成为其日常修行的一个组成部分；而禅则赋予了茶更为深刻的禅理含义。如果说茶神陆羽《茶经》的问世令茶由饮而艺，禅与茶的融合则更进一步，令茶由艺而道，最终茶禅一味，形成了禅茶文化。原江西省历史学会会长姚公骞先生有一段话与此暗合："有禅风之兴，方有茶风之盛，加上诗人骚客士大夫辈的赏会品评推波助澜，才把中国的茶文化推到了一个新的高度。盖禅门空寂，而空寂过度，则违反生理自然规律，令人不耐，遂不得不借茶提神，破其岑寂；而世途烦嚣，诗人士大夫久处其间，则又不耐其扰，遂亦不得不往游禅林，借茶求静，暂解尘网。一个要静极求醒，寂中得趣；一个要闹极思静，忙里偷闲。两个看来颇为矛盾的心理要求，却在饮茶一道上，互相统一了起来，彼此的心理上都得到了平衡，也都得到了满足，于是乎茶文化便由此而更加兴盛起来。"

关于佛教僧侣饮茶的最早记载，可以追溯到到晋代时期。据记载，东晋僧人单道开，敦煌人，俗姓孟。少怀隐遁之志，诵经四十余万言。仅食柏实、松脂、细石子等物，时复饮茶苏一二升而已。山居行道，不食谷物，不畏寒暑，昼夜不卧。一日能行七百里。寿百余岁。有人认为，"茶苏"是茶和紫苏调制的饮料，能够起到提神少睡的作用。这条记载说明，佛教僧人打坐之时已开始用茶。单道开饮茶，是与其他药物同时服用，是与道家服饮之术相类似的，可见当时的佛教还是受道教药石观念影响。但单道开打坐昼夜不眠，因此其饮茶除了养生保健，还有一个重要的作用，即提神破睡，此时，茶在坐禅中的功效

已开始被认识。不仅如此，在当时的某些寺院中，已经开始种植茶叶。晋代另一位高僧慧远，就曾以东林寺自种的庐山云雾茶款待诗人陶渊明和隐士刘程之，并且话茶吟诗，叙史谈经，通宵达旦，引为乐事。

南北朝时，佛教有了进一步发展，关于佛教僧人饮茶的记载也多了起来。但就饮茶在佛教禅定中的作用而言，仍无多大改变。《续名僧传》中记载："宋释法瑶，姓杨氏，河东人。永嘉中过江，遇沈台真，台真在武康小山寺，年垂悬车，饭所饮茶。永明中敕吴兴，礼至上京，年七十九。"这条记载说明了僧人饮茶而得长寿，反映僧人将茶作为养生保健的饮品。《广博物志》中的昙济道人也是一位著名的高僧，在八公山东山寺住的时间很长。八公山又名北山，是古代名茶"寿州黄芽"的产地。南朝宋孝武帝的两个儿子到八公山东山寺去拜访昙济，喝了寺里的茶，赞之为甘露。可见，南北朝时随着佛教的进一步流传发展，僧人饮茶成为更加普遍的现象。

发展到唐代，佛法禅意在中国获得更大程度的认可和传播，与之相伴随的是，坐禅饮茶也成为佛教僧人必修的一门功课，可谓是茶可助禅风，而禅可助茶情，禅与茶在唐代达到了一种融合。在《封氏闻见记》的《饮茶》一文中有这样的描述："南人好饮之，北人初不多饮。开元中，泰山灵岩寺有降魔师，大兴禅教，学禅务于不寐，又不夕食，皆许其饮茶。人自怀挟，到处煮饮。从此转相仿效，遂成风俗。自邹、齐、沧、棣，渐至京邑。城市多开店铺，煎茶卖之，不问道俗，投钱取饮。其茶自江、淮而来，舟车相继，所在山积，色额甚多。"从这段话可以看出，盛唐开元年间泰山灵岩寺的降魔禅师在教化弟子之时，鼓励弟子们饮茶，从而在佛门中进一步推动了饮茶风气的形成。可以说从唐代开始，佛教僧人们已经将茶看做禅修悟道的必备之物，饮茶逐渐发展成为佛教寺院每日的例行习惯。佛寺中设茶

堂，供禅僧品茶论佛、招待施主。佛寺中还安排专人负责管理佛前献茶、众中供茶和来客飨茶。在法堂设有茶鼓，在祭祖时献茶汤，或是举行茶礼时击鼓，众僧闻鼓则集众行礼。《西湖春日》记载："春烟寺院敲茶鼓，夕照楼台卓酒旗。"

不仅如此，随着佛家对饮茶重视程度的发展，饮茶逐渐演变为禅宗寺院制度的一部分。唐代百丈山（在今江西奉新）怀海禅师曾制定"百丈清规"，其间对禅寺的布局、僧堂的造法，僧人坐卧起居、长幼次序、饮食坐禅和行事等各种礼法都做了严肃、明确的规范。元朝至元二年，百丈禅师的第十八代法孙东阳德辉禅师在顺宗皇帝的圣旨下重修清规，纂成《敕修百丈清规》，其中对禅寺里的生活行动做了种种规定。茶礼在《敕修百丈清规》中占有极其重要的位置，且种类繁多，形成了独特的禅院茶道。禅门清规还把日常饮茶和待客方法都加以规范，在《禅苑清规》中有较为详细的记载。清规中对如何出入寮堂，如何问讯，坐姿如何，以及主客座位、点茶、喝茶、收盏、谢茶……规定都十分详细。吃茶的人要排队依次入场，吃茶前后行礼，整个茶礼过程中不得发出声音，秩序井然，气氛庄严。可见，寺院中的茶事是礼仪繁复且庄严的，甚至可以说不啻一种严格的禅修。明代乐纯的《雪庵清史》开列了居士每日必须做的事，其中清课有焚香、煮茗、习静、寻僧、奉佛、参禅、说法、作佛事、翻经、忏悔、放生等。把煮茗放到功课的第二位，足以看出禅门对茶的崇尚。

更进一步的是，佛教的僧人们深化了饮茶的意境，将佛家禅学的精神与茶道合二为一。茶之"洁净"与"冲淡"的特性，表现出一种安逸淡泊之心，以及面对一切名利、纷乱杂扰，得而不喜，失而不忧，从而保持一种平静无虞的心境，摆脱烦恼挂碍，达到与佛教禅法相通的境界。这种禅茶之通，距离"明心见性"进而"顿悟成佛"也就相去不远了。于此，唐代僧人皎然可谓是先行之人。皎然与家喻户晓的茶神陆羽可以说是不相伯仲的，甚至可以说更伟大、

更飘逸。

皎然出身在一个中道衰落的贵族家庭，自幼便出家为僧，佛教禅法、诗书才情皆斐然。不仅如此，皎然于茶更是深有研究，他与陆羽交谊甚厚，时常坐而共饮，吟诗和词。其《饮茶歌诮崔石使君》是茶诗中的名篇："一饮涤昏寐，情来朗爽满天地。"既为除昏沉睡意，更为得天地空灵之清爽。"再饮清我神，忽如飞雨洒轻尘。"禅家认为"迷即佛众生，悟即众生佛"，自己心神清静便是通佛之心了，饮茶为"清我神"，与坐禅的意念是相通的。"三饮便得道，何须苦心破烦恼。"故意去破除烦恼，便不是佛心了，"静心"、"自悟"是禅宗主旨。皎然把这一精神贯彻到中国茶道中。所谓道者，事物的本质和规律也。得道，即看破本质。茶人希望通过饮茶把自己与山水、自然、宇宙融为一体，在饮茶中求得心灵宁静、精神开释，这与禅的思想是一致的。

通过对佛教禅意与茶道结合的过程探察，我们发现，形成禅茶文化的过程是逐步推进的过程。晋朝前后的一个阶段，禅与茶的结合，主要在于佛教僧人坐禅、饮茶，此可谓禅茶文化的基石；发展到唐代，茶神陆羽作《茶经》，佛教一些高僧也通过自己的力量推倡饮茶之风，推动了饮茶之风在佛教寺院的发展。而目前可以看到的禅规文献里，也能发现佛教寺院对僧人以茶供佛和点茶等程序、礼仪加以严格规范，并在佛教禅宗中形成了样式繁多、礼仪完备的茶礼。后来饮茶在佛教中不再是简单的饮品，而发展到佛教僧人修习学禅的必要内容之一，可以说到这个阶段，茶与禅的结合开始上升到文化层面。而禅宗六祖慧能大师之后的第四代传人赵州禅师从谂更是再三称"吃茶去"，不得不令无数求禅之人于此歇下狂心、悟见本性。赵州茶从此成为禅林之著名公案，成为禅人触机开悟之机缘，而茶也因此融入了禅的开悟层面。禅与茶经过漫长的融合历史，完成了最终的结合，形成了一种崭新的文化——禅茶文化。赵州大师继承佛教寺院饮茶的传统并将其进一步提高到参禅悟道的高

度，使茶与禅达到了最深刻的碰撞与融合，开启了我国“茶禅一味”的禅茶文化。禅林之后继者对“吃茶去”这一机锋法语的继承和弘扬，使禅茶文化得以不断地完善和流传。据说，宋代圆悟克勤法师曾手书“茶禅一味”送给当时随他学法的日本弟子，后辗转传到被日本称之为“茶道之祖”的村田珠光手中，他把克勤法师的墨宝悬挂于自家的茶厅，终日仰怀禅意，终于悟出“佛法存于茶汤”的道理。从此，“茶禅一味”亦成为日本茶道的最高境界。

（二）茶馆的沿革与分类

茶文化逐渐兴起的同时，随茶而诞生的茶馆文化也古老而灿烂。从历史上看，茶馆称呼多见于长江流域，两广地区一般称为茶楼，京津之地则多称茶亭。此外，有的地方还称为茶肆、茶坊、茶社、茶寮、茶室等。称呼虽然有别，但形式和内容大抵相同。

从茶馆的出现到封建王朝清朝为止，可以将茶馆的由来与沿革总结如下：

中国茶馆的最早出现，可追溯到两晋南北朝，陆羽在《茶经》一书中引用了南北朝时一部神话小说《陵耆老传》中的一个故事：“晋元帝时，有老姥每旦独提一器茗往市鬻之，市人竞买，自旦至夕，其器不减。”这可能是设茶摊、卖茶水的最早方式，也是茶馆的雏形。

专供喝茶住宿的茶寮可说是古代最早的茶馆，至唐代时才正式形成茶馆，至今也有一千六七百年的历史了。唐代是茶文化承前启后的重要时期，茶馆在这一时期得到了确立，卖茶、饮茶皆十分盛行。当时茶馆名称繁多，茶肆、茶坊、茶楼、茶园、茶室等，但都与旅舍、饭馆结合在一起，尚未完全形成独立经营的情况。

宋时城市集镇大兴，在热闹街市，交易通宵不断，这为茶馆发展提供了一个很好的契机，并且开始了独立经营。接洽、交易、清谈、弹唱都可在茶馆见到，以茶进行人际交往的作用开始凸现出来。那时开封潘楼之东有“从行角茶坊”，曹门街有“北山子茶坊”，这类茶坊，不仅饮茶，还营造了一个私人意境，令茶客陶醉。宋代不仅开封茶馆茶坊兴旺，各地大小城镇几乎都有茶肆，《农讲传》《清明上河图》都形象生动地再现了那时茶馆的真实情景，宋代的茶馆文化成为市民茶文化的一个突出标志。

元、明时期的茶馆，与宋代的没有本质上的差别，但在茶馆经营买卖方面有较大发展。明末清初，饮茶之风更盛。大江南北的大小城镇都遍布茶馆。《杭州府志》记曰：“明嘉靖二十一年三月，有姓李者，忽开茶坊，饮客云集，获利甚厚，远近效之。旬月之间开五十余所。今则全市大小茶坊八百余所。各茶坊均有说书人，所说皆《水浒》《三国》《岳传》《施云案》等。他县亦多有之。”

清代的茶馆又有了新的发展。到“康乾盛世”之时，清代茶馆呈现出集前代之大成的景观，数量、种类、功能皆蔚为大观。此时的茶馆不仅十分注重环境的选择，并增加了点心的供应。乾隆年间，江南著名的茶肆“鸿福园”“春和园”都在文星阁东首，各据一河之胜。茶客凭栏观水，促膝品茗。茶叶有云雾、龙井、梅片、毛尖等，随客所欲；还供应瓜子、烧饼、春卷、水晶糕等多种茶点，茶客饱享口福。除日常饮茶外，清代还曾举行过四次规模盛大的“千叟宴”。其中“不可一日无茶”的乾隆帝在位最后一年，召集所有在世的老臣三千余人列此盛会，赋诗饮茶。乾隆皇帝还于皇宫禁苑的圆明园内修建了一所皇家茶馆——同乐园茶馆，与民同乐。

清代戏曲繁盛，茶馆与戏园同为民众常去的地方，好事者将其合二为一。宋元之时已有戏曲艺人在酒楼、茶肆中做场，及至清代才开始在茶馆内专设戏台。

包世臣《都剧赋序》记载，嘉庆年间，北京的戏园即有“其开座卖剧者名茶园”的说法。久而久之，茶园、戏园，二园合一，所以旧时戏园往往又称茶园。后世的“戏园”“戏馆”之名即出自“茶园”“茶馆”。所以有人说：“戏曲是茶汁浇灌起来的一门艺术。”京剧大师梅兰芳的话更具有权威性：“最早的戏馆统称茶园，是朋友聚会喝茶谈话的地方，看戏不过是附带性质。”“当年的戏馆不卖门票，只收茶钱，听戏的刚进馆子，‘看座的’就忙着过来招呼了，先替他找好座儿，再顺手给他铺上一个蓝布垫子，很快地沏来一壶香片茶，最后才递给他一张也不过两个火柴盒这么大的薄黄纸条，这就是那时的戏单。”茶馆发展至明清，还有一异于前代之处，即茶肆数量起码在某些地区已超过酒楼。茶馆的起步晚了酒楼千年，奋起直追至明清，终得半壁江山。

清末至民国初年，江、浙一带的评弹书场，大多是茶馆兼营的。建国后政府对茶馆进行了整顿、改造，取缔了过去消极的、不正常的社会性活动，使其成为人民大众健康向上的文化活动场所。改革开放后，一度消失的茶馆重又复苏，勃发生机。不仅老茶馆、茶楼重放光彩，新型、新潮茶园和茶艺馆也如雨后春笋般涌现。新时期的茶馆无论从形式、内容、经营理念与文化内涵都发生了很大变化，更符合社会发展需要，也更具活力。现代，在中国，无论是城市，还是乡镇；无论是大路沿线，还是偏僻乡村，几乎都有大小不等的茶馆或茶摊。据不完全统计，仅四川、上海两地就各有茶馆千余家；广东的羊城广州及台湾省的台北，茶馆普及全城；浙江的杭州，近三年内，新落成开张的茶馆就有一百五十余家。在全国范围，一个以品茶为主旋律的茶文化场馆，已经遍地开花。据有关部门统计，目前全国有十二万五千多家茶馆，从业人数达到二百五十多万人，已然成为中国休闲文化产业的一支生力军。茶馆业为各地国民经济发展和精神文化生活的丰富多彩作出了积极的贡献。茶馆正以它勃勃生机、姿采纷呈吸引着源源不绝的中外客人，以它无穷魅力展示中国这一古老而又充满生机

的茶馆文化。

中国茶馆，根据不同情况，有着不同的划分。旧有书茶馆、棋茶馆，还有清茶馆、野茶馆的分类，将在下文介绍北京茶馆时加以介绍。黄建宏博士在《中国茶馆发展研究》中有较为详细的划分，他认为中国茶馆主要有区位茶馆、建筑茶馆、文化茶馆三类。区位茶馆可划分为都市茶馆、景区茶馆、农家茶室、社区茶室、主题茶馆等，建筑茶馆可分为古典式茶馆、乡土式茶馆、欧式茶馆、和式茶馆等，文化茶馆可分为传统文化茶馆、艺能文化茶馆、复合文化茶馆、时尚文化茶馆。在此不做赘述。

二、北方茶馆

（一）北京茶馆

北京是六朝古都，是全国政治、经济文化的中心。“集萃撷英”是北京文化的独特风格，茶文化，以其种类繁多、功能齐全、文化内涵丰富深邃为重要特征。据史料记载，北京的茶馆创始于元明时期，鼎盛于清朝，种类繁多，星罗棋布，遍布于全市大街小巷的各个角落。

老北京式的茶馆，室内一般全是老式高桌或八仙桌、方凳或大板凳，用大嘴铜壶沏茶。店名老式商业气氛浓厚，如广泰、裕顺等名称，又如天汇、天全、汇丰、同积、海丰等，都是这类茶馆的老字号。到这里来的茶客几乎都是老北京，而且旧时以旗人为多。这种北京老式茶馆，又可分为几大类，有大茶馆、书茶馆、茶酒馆、清茶馆和野茶馆。这些场所主要提供人们休闲、连络、洽商、议事。到茶馆来的人，各行各业都有，有文人墨客、商旅庶民、青年学子等，各选择合乎自己口味的茶馆，因为这些选择的不同形成了不同的茶馆文化。

书茶馆一般是与听评书相关的，喝茶只不过是其中的一部分。书茶馆，往往在在开始说书之前，仅仅是卖些清茶，供过往行人歇息、解渴。开始说书以后，饮茶便与听评书结合，不再单独接待一般茶客。顾客一边听书，一边品茶，以茶提神助兴，此时听书才是主要目的，品茶则为辅了。在书茶馆里，茶客除付茶资外，每唱完一段后，要付书钱一二枚铜元，且不称“茶钱”，而叫“书钱”。

清茶馆顾名思义是专卖清茶的，饮茶是主要的目的，也有供给各行手艺人提供卖艺机会的。它的店内一般是方桌木

凳，壶盏清洁，水沸茶舒，清香四溢。在春、夏、秋三季，茶客较多时，在门外或内院搭上凉棚，前棚坐散客，室内是常客，院内有雅座。每日清晨五时许便挑火开门营业，这时候来的茶客大都是悠闲的老人，少数为一般市民。中午以后，又一批新茶客入店，主要是商人、牙行、小贩，他们来此谈生意，讨论事情。

若是专供茶客下棋的棋茶馆，陈设则比较简陋，但也可以说是朴素清洁，常以圆木或方桩为桌，上绘棋盘，两侧放长凳。茶客则边饮茶边对弈，以茶助弈兴，喝着并不贵的“花茶”或盖碗茶，把棋盘作为另一种人生搏击的战场，暂时忘却生活的烦扰。

野茶馆就是设在野外的茶馆，大都设在风景秀丽的效外、环境幽僻的瓜棚豆架下、葡萄园、池塘边，是春天踏青、夏季观荷、秋季看红叶、冬天赏雪，品茶雅叙的好去处。这些茶馆也会选择有甜美山泉水、风景好、水质佳之处吸引茶客。另有在公园、凉亭内的季节性茶棚，来此饮茶，欣赏着花红蝶粉，枫火蝉噪，一派田园风光，大有陆放翁和野老闲话桑麻的乐趣，使得终日生活在喧闹中的人们获得一时的清静。

大茶馆是一种多功能的饮茶场所，一方面可以品茶，并搭配品尝其他食物，另一方面也是文人交往、同学聚会、洽谈生意的地方。大茶馆的茶具讲究，大都是盖碗，一则卫生，二则保温。北京以前的大茶馆，以后门外天汇轩为最大，曾一度开办市场，东安门外汇丰轩次之。大茶馆集饮茶、饮食、社交、娱乐于一身，所以较其他种类茶馆规模大，影响深远，成都、重庆、扬州等地也仍然有这种类型茶馆的踪迹。

话剧《茶馆》是老舍先生的代表作，也是中国现代文学中的杰作。《茶馆》虽说只有三幕，却道出了将近半个世纪的社会发展变迁，通过一个小小的茶馆

和来茶馆人物的命运际遇，表现了戊戌变法、军阀混战和抗战胜利后国民党统治下的各种社会现象。时代兴衰，王朝变更，这洋洋大千世界都汇集在他笔下这小小的“裕泰茶馆”里。“大傻杨，打竹板儿，一来来到大茶馆儿。茶座多，真热闹，也有老来也有少。有的说，有的唱，穿着打扮一人一个样。有提笼，有架鸟，蛐蛐蝈蝈也都养的好。”这快板书说的便是旧时北京的老茶馆，你可以观赏到清末民国年间北京的饮茶习俗，感受到北京老茶馆的饮茶氛围及独具特色的北京茶馆文化。

鲁迅先生是北京老茶馆的常客，他在《喝茶》这篇文章写道：“有好茶喝，会喝好茶，是一种清福。不过要享这清福，首先必须有工夫，其次是练习出来的特别的感觉。”鲁迅先生去的最多的是青云阁，且在喝茶时多伴吃点心；据说常是结伴而去，至晚方归。历史学家谢兴尧先生在《中山公园的茶座》中说：“凡是到过北平的人，哪个不深刻地怀念中山公园的茶馆呢？尤其久住北平的，差不多都以公园的茶座作他们业余的休憩之所或公共的乐园。有许多曾经周游过世界的中外朋友对我说：世界上最好的地方，是北平，北平顶好的地方是公园，公园中最舒适的是茶座。我个人觉得这种话一点也不过分，一点也不夸诞。因为那地方有清新而和暖的空气，有精致而典雅的景物，有美丽而古朴的建筑，有极摩登与极旧式的各色人等，然而这些还不过是它客观的条件。至于它主观具备的条件，也可说是它‘本位的美’，有非别的地方所能赶上的，则是它物质上有四时应节的奇花异木，有几千年几百年的大柏树，每个茶座，除了‘茶好’之外，并有它特别出名的点心。而精神方面，使人一到这里，因自然景色非常秀丽和平，可以把一切烦闷的思虑洗涤干净，把一切悲哀的事情暂时忘掉，此时此地，在一张木桌，一只藤椅，一壶香茶上面，似乎得到了极大的安慰。”

总之，与社交、饮食相结合的“大茶馆”“茶酒馆”，与游艺活动相结合的“清茶馆”，与评书等市民文学相结合的“书茶馆”，与园林、郊游相结合

的“野茶馆”，以及与戏剧相结合的“茶戏园”等等，构成了老北京茶馆的整体，其经营形式的多样化，多方面的社会功能，深邃的文化意蕴，绝非一般地方的茶馆可比拟。

（二）天津茶馆

天津建制较晚，它是金元以后由于运河与海防的需要而形成的。它一出现，由于具有得天独厚的地理位置——紧邻京师，辐射三北，便利的海、河运输，很快就成为北方重要的工商业都会。

进入20世纪，天津饮茶之风更为盛行，老天津卫都有一日三油茶的习惯。一日三茶即早茶、午茶和晚茶。早茶期间饮茶者，多是木瓦匠、油漆工，他们往往在此时来联系工作。有些人来茶楼交流信息，交易古玩。中午，茶楼则增设评书大鼓等节目。晚茶则是名演员、名票友联欢清唱的时机，著名京剧花脸演员侯喜瑞等常是座上客。还有一些茶楼、茶社则是不同阶层人士品茗消闲看报下棋的场所。天津茶楼的茶叶以花茶为主，其中主要有两个品种：花末（包括花茶芯及花三角）、花大叶。可以说，我国花茶的发展同天津人的喜爱与支持是分不开的。

天津茶楼的特点是什么都比别的地方大一号，茶壶大，茶碗大。外地人来天津喝茶，首先吸引他的是那把龙嘴大铜壶，出于好奇，也得品尝一下这茶的味道。茶壶直径在一米以上，放在桌上比人还高，长嘴细口，是茶壶家族中的庞然大物。茶碗是用大号饭碗替代。茶房给客人冲茶，虽没有惊人的技巧，但也有一番功底和技术，一手推壶使之倾斜，一手持碗尽力伸向壶嘴，茶水从壶嘴流淌出来，注入茶碗里，而且不洒不漏，也是一件不容易的事。推茶壶如推山，不用力倒不出茶水，用力过大过猛，茶水飞流得过远，茶碗接不到水。这就要求人与茶壶间的距离和人站的角度要相当，用力要恰当，否则难以奏效。

解放前的天津，还有许多茶水摊，遍设于大街小巷，由于所用的都是大海

碗，所以通称“大碗茶”，主要是体力劳动者的饮茶场。这些茶摊多设在劳动力密集的地方和边缘交通要道，如东浮桥、小西关一带，是进城卖菜农民憩脚的地方。他们掏出腰里揣的饽饽咸菜，加上一碗大碗茶，边吃边喝，又便宜又热乎。茶水摊用茶多是低档茶末、茶梗，只保有色，不保有味。如今的天津，仍然是北方茶叶的集散地，不但仍保留有众多的茶馆，而且还吸引了外地茶商，甚至外国人来天津开设茶馆。

（三）临清茶馆

山东省临清县在东晋至五代时，干戈云扰，成为兵家相争之地，几乎没有商业性可言。至元、明时期，封建王朝建都北京，全国经济依赖运河，临清处于汶、卫流域，成为重要的交通要道。史称临清商业繁荣之时“帆樯如林，百货山积”，成为北方的一个较重要的商会。各地客商聚集于此，临清的城市经济逐渐发展，茶馆、茶铺也日益增加，成为商人、茶客等休息、交流、娱乐的主要场所。

山东临清历来重视饮茶，但它本地并不产茶，茶叶多从南方或北方茶叶集散地购来。《明清时期的临清商业》一文中说：“茶叶来自安徽、福建等地，品种有松罗、雨前、天池等，经营茶叶的店铺大小数十家，其集中于河西者，以山西商人经营的边茶转运贸易为主。茶船到临清，或更舟而北，或舍舟而陆，总以输送北边。其余散处于城内各街的茶叶店及绸布店、缎店、杂货店等代销的茶叶则是为本地服务的，仅专营茶叶的商店就有二十八家之多。”

临清人喝茶，喜欢伴着茶食。临清茶食，“亦名南果，所售糕点皆出自制，境内业此者，

颇称发达”。茶食业发达，一定是伴随着饮茶业的兴盛。在临清的茶馆里，茶桌上多为一人一壶一杯，联袂而去的则共沏一壶，人各一杯。茶馆里也允许自带茶叶。茶馆里备有从茶庄购来的份茶，每壶一包，约六分之一两。沏好后，将包茶的纸卡在壶嘴上或茶壶的提环上，以示茶的品种、等级和哪个茶庄的茶叶。在一些茶馆中伴有评书、大鼓书、唱小曲、下棋等各种活动。在村口及城乡结合部、交通要道、市场周围等地，往往也设有茶馆，供农民、商贩赶集、做生意休息、交流之用。这些茶馆里，往往几人一壶，各执茶碗饮茶，有洽谈生意的，有亲朋好友会聚谈天说地的，有农村郎中行医看病的。在交通要道所设的茶馆，一般备有大碗茶，主要为过往行人解渴歇脚，有时还在旁边备有食品，所以，人们称这类茶馆为茶食点。

现在，临清人饮茶仍然十分普遍。在农村，有的家庭婆媳两把壶，否则喝不过瘾。当地有句谚语：“愿舍头牛，不舍二货头。”意思是茶沏两遍，味道正浓，不能扔掉。近年来，农村青年男女兴起到城里来照订婚像，所以照像馆附近成为亲朋好友的集合点。善于经商之人就在此开设茶馆，亲朋好友边喝茶边等待照相、置办彩礼的恋人。因为是喜庆日子，大家都高兴，也舍得花钱，所以买茶特别大方，茶馆的生意也因此十分兴隆。

三、南方茶馆

（一）上海茶馆

茶馆，老上海风情旧景之一。清末，沪城内外，南市北市、沿河傍桥、十字街头茶馆遍布，茶客如云，茗香醉人。旧上海茶馆多以楼、馆、园、阁、居、社称之。茶馆题名亦雅，如：秋月楼、碧玉春、鹏飞白云楼、江南一枝春、品泉楼、香雪海等颇具诗情画意。

据说，上海滩最老的茶馆大概始于咸丰元年。清同治初年，沪上茶馆开始兴盛，如著名老茶馆“丽水台”建于洋泾浜三茅阁桥边，高阁临流，背靠东棋盘街，坐落于青楼环绕之中，当年茶座间有“绕楼四面花如海，倚遍栏杆任品题”之句，成为文人雅士、富绅阔少流连之地，有歌咏道：“茶馆先推丽水台，三层楼阁面河开，日逢两点钟声后，男女纷纷杂坐来。”晚清庙园均设茶肆，旧时沪城有“城中庙园茶肆十居其五”之说。其中，西园湖心亭是南市茶馆的代表，这西园原来是豫园故址，湖心亭筑于清乾隆四十九年，由大布商祝韫辉等人集资建成。

民国以后至抗战时代的孤岛时期，沪上茶馆业逐渐走向衰落，一些晚清极负盛名的老字号茶馆因门庭冷落纷纷关门，但数量增多的小茶馆及“老虎灶”式的平民茶馆仍能吸引不少社会底层的茶客。在20世纪80年代，沉寂多年的茶文化开始回归与复苏。20世纪90年代初，为适应新的文化意识需要，融合了旧的茶文化的茶艺馆从台湾、香港传入中国大陆时，立即得到上海各界人士的欢迎，一时间，茶艺、茶艺馆成了人们时常挂在嘴边的“时髦语”。

在整个上海市，掀起了学习、宣传茶艺，建茶艺馆的高潮。从1994年开始，上海每年都举办一届国际茶文化艺术节，普及、宣传茶文化知识，举行各种茶艺表演，引来游人如织、观者似潮。

（二）成都茶馆

要说到中国的茶，不得不说的是成都的茶馆。成都茶馆究竟起于何时，尚无确考。西晋时期，成都有挑茶粥担沿街叫卖者，至唐代，茶馆应运而生。《封氏闻见记》说："自邹、齐、沧、棣，渐至京邑。城市多开店铺，煎茶卖之，不问道俗，投钱取饮。"距长安不远，繁华冠九州的锦城（成都）自然也不例外，那里早就有卖茶兼卖药的茶楼。明清以后，成都茶馆遍及城乡，茶馆是人们消闲、打盹儿、掏耳修脚、斗雀买猫、打牌算命的自由天地和评书、扬琴、清音、杂耍的表演场所；茶馆又是拉皮条、说买卖的民间交易所，也是讲道理、赔礼信、断公道的民间公堂。茶客中有着长袍马褂的宫绅商贾，有穿短衣短裤的力行大哥，有小本经营的老板掌柜，有歪戴帽子斜穿衣的三教九流人物，有手提鸟笼，口吟川戏的阔公子，也有沿街叫卖的小商贩，本地人、下江人，东西交融；老广、老陕，南北荟萃。吃早茶的人天刚亮就往茶馆跑，堂倌老远招呼茶客们，特别是当地有脸面的绅士、商人争先恐后为熟人付茶费。有一种吃茶不给钱的，此辈不敢正大光明的升堂入坐，而是趁茶客离去，茶馆来不及收走残茶，趁机顶上去接着喝。茶馆无逐客规矩，只要茶客愿意，一碗茶坐一天，堂倌照添不误，因此人们称吃茶又叫坐茶馆。

成都人坐茶馆可大饱耳福：打围鼓、唱川戏、说评书、唱曲艺、打金钱板，真是"锣声、鼓声、檀板声，声声入耳，洲调、曲调、扬琴调，调调开心"。街坊茶肆，三五人一桌，一杯清茶，几碟瓜子花生，谈天说地，评古论今，国事家事，邻里短长，社会新闻，人情世故，都可成为话题。一人讲，众人听，好

不热闹。而且一进茶馆，就可找到自己的感觉，好像人人都会吹牛，个个都是侃爷，天南海北，五花八门，说些俏皮话，讲点歇后语，发发牢骚，大家一笑置之，胸中之闷气、怨气、不平之气全消。如此看来，茶馆之妙不仅在于听，尤其在于说。有人说成都茶馆有五大特色：茶叶、茶具、茶壶、茶椅、掺茶师。五大特色里面最有代表性的还得算掺茶师。

掺茶师又称为么师、堂倌、茶博士，称得上是茶馆里的灵魂。不管来客多少，招呼安坐的是他，并可根据来客的身份安排到最适当的地方。不管多么拥挤，他都可以来去自由，端茶掺水恰到好处。资深的茶博士都有自己的绝招，只见他一手提壶，滴水不洒；另一手端来十来副茶具，四平八稳。客人坐下，他手中的茶船向桌面一撒，恰到好处地停放在每位客人面前。更为神奇的是，离桌一两尺，一条热气腾腾的白色水柱，凌空而下，不偏不倚，注入每人茶碗，不多不少，刚好八九分。在茶馆喝茶，遇上掺茶高手，可大饱眼福，得到一种惬意的享受。

有人说成都人一辈子有十分之一的时间泡在茶馆里，这个话在解放前来说，并非夸大之词。那个时候，城乡各地，遍布茶馆，不要说成都的大街小巷找得到大大小小的茶馆，就是在偏僻的乡镇上，也必定找得到几家茶馆。随着社会和经济的发展，当今成都饮茶之风日益盛行。在城市中除保留原有的老茶馆外，一大批装饰豪华、典雅大方的现代茶楼、茶坊（内有空调、软座、雅间、插花盆景、高档音响等）如雨后春笋般不断涌现，尤其是四川省会成都，高中档茶楼茶坊数量之多、生意之火爆堪称全国之最。成都涌现的各式茶楼茶坊已成为现代人们议事、休闲、娱乐、交流、会友、传播文化和艺术感受等的场所，更成为这座现代化国际大都市的一道亮丽的风景线。

当代文学作品也有不少写

成都茶馆的，如成都作家沙汀的小说《在其香居茶馆里》，已搬上荧屏，雅安地区荥经籍作家周文的《一家茶店》《茶包》，李劼人的《死水微澜》和陈锦的《成都茶铺》也都写了茶馆。在文艺创作领域，要写出点川味，你就得考虑写茶，其中的捷径就是“泡”茶馆。

茶佛一味，茶与道也不例外。茶多生长在山上，和尚、道士为求虚静，也乐于栖息山林，这样就不期然而然地与茶结下了不解之缘。制出名茶的和尚、道士，为提高所在寺庙、道观以及自己的知名度，神化其说，把茶事融入神话传统中；有的为当地好事者所编造，既流露出对名茶的特殊情感，也寄托了某种宗教意识。成都大邑县城西北的雾中山，也称雾山，所产之茶名“雾山茶”，其味芳香，有除病益寿之效，清王朝列为贡茶，不准民用。雾山开化寺左侧有“八功德泉”，刻石九龙形，水从龙嘴中喷出。明学者杨慎（升庵）赞此水有一清、二冷、三香、四柔、五甘、六净、七不噎、八除病的特点，因以得名。

传说清朝有个皇帝，活到三十多岁时，长出了几根白头发，他害怕老得快，死得早，不能长久享受当皇帝的荣华富贵，就限令御医在一年之内使他白发转青，办不到就砍头。御医无法，急得到处拜佛求签，希望得到菩萨的指点。一天晚上，御医做了个梦，梦见一个和尚笑嘻嘻地指着西方，伸开大拇指和食指，比画成个“八”字，什么话也没说就不见了。他醒来后，弄不清是什么意思，四处找人求教。一天在洛阳白马寺碰见一个外来僧人，为之解梦说：“贫僧认为，他笑嘻嘻地看着西方，是不是指的佛教圣地西蜀晋原县（今大邑县），听说那晋原县雾山开化寺后山长满了茶树，茶叶味道清香，能除病益寿。他比画的那个‘八’字，恐怕就是指山下那‘八功德泉’的泉水，你如果取得这股泉水泡上雾山上的茶叶，拿给皇帝喝了，他的白发就会转青。”御医按其所说奏明皇帝，皇帝用后，不到半个月，白发果然转青了，长期医不好的头痛病也好了。于是册封八功德泉的泉水为神水，雾山茶为贡茶。

“鹤鸣茶”故事则更加神奇美丽。故事的主人公张三丰是明代著名道士，曾在大邑鹤鸣山中教书。他听人说，山下有很多茶树，但只有白鹤停歇过的那一棵才出好茶。一天夜晚，张三丰在回家的路上，偶然看到一棵茶树上歇了几只白鹤，他赶忙把裤腰带解下来拴在那棵茶树上做记号。第二天，他一早起来找到了那棵树，摘下茶叶，炒制后，抓一把放进碗里，刚把开水冲下去，就看到茶叶慢慢张开，变成一只白鹤从碗中飞起，落在地上，一眨眼变成一个白发老头。张三丰晓得遇见了白鹤仙翁，马上跪在地上，要拜仙翁为师。老头说：“不忙，要我收你做徒弟，现在还不是时候。”说完就不见了。张三丰感到很奇怪，端起茶碗喝了一口，感到异常清香甜润，立刻添了精神。他想，这一定是仙茶，于是取名“鹤鸣茶”，又用此茶籽种了许多茶树。有人建议将茶献给皇上，以讨封赏，他不为所动。而是用鹤鸣茶治好了不少人的疑难病症，老百姓都非常感谢他。一天白鹤仙翁来对张三丰说：“你已经免除了凡间俗气，不贪名求利，我决定收你做徒弟。你要把满山茶树管好，广积善缘，多修功德，等功德圆满，我再来度你成仙。”从此，张三丰一面种茶树，一面采挖中草药，给老百姓治病，穷苦山民都十分敬爱他。后来，白鹤仙翁果真度张三丰成了神仙。

（三）宜宾茶馆

宜宾是万里长江第一城，云贵川物资集散地。据《宋史·食货志》记载，这里在南宋时期，曾是有名的茶马交易市场。据统计，该地区年产茶叶三十六万担，占全川的百分之三十左右。

宜宾人喜欢喝酒，更喜欢喝茶；老年人特别喜欢喝早茶。一杯香茗在手，真是潇洒又风流。这里的茶馆遍布大街小巷，过去很有名气的茶馆达十余家：“南轩”“留园”“荣生公”“翠羽”“乐宾”“德园”“正大”

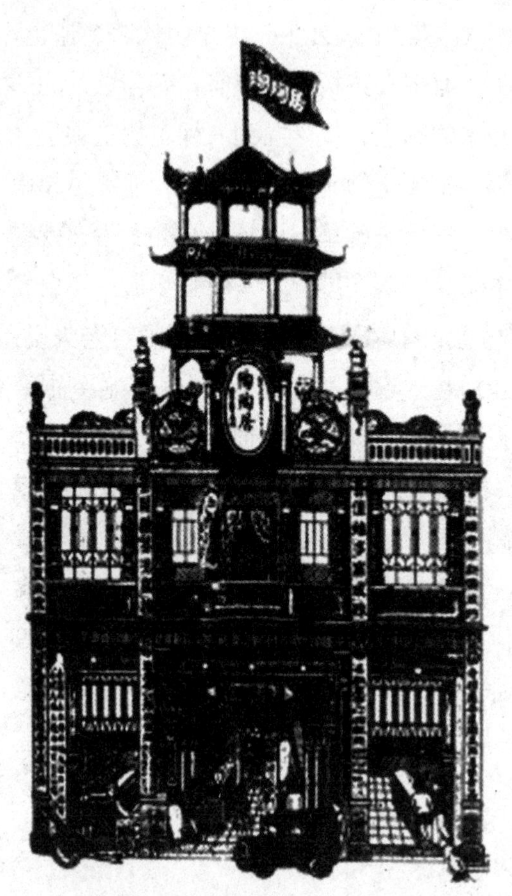

“杨洒楼”“火神楼”“合叙茱园”等，在人们心目中印象深刻。茶馆开门营业时间比任何店铺都要早得多，每天天刚亮，茶馆里便茶客盈门，高朋满坐。茶馆里的玩友更吸引了不少茶客，十分红火。劳累了一天的人们云集于此，泡上一杯香茶，一边饮茶，一边谛听玩友那悦耳的唱腔，真是心旷神怡，好不自在。

唱玩友，也称打玩友，实际是川剧清唱，是宜宾茶馆一大特色。川剧是四川的地方戏，在民间广泛流传，影响深远。川剧的古典名剧，在人们心目中印象特别深刻。川剧的“昆、高、弹、胡”唱腔曲牌，一般人都能哼上几句。爱好川剧的人们会集在茶馆里来上几段，十分开心。若能有人唱，又有人打锣鼓拉胡琴，就成了完整的玩友班子了，就可唱整本的戏了。不过，这个班子是业余的，它不像江南茶馆里唱“评弹”、北方茶馆里唱“大鼓”的演员都是专业的。他们白天各干各的事，晚上凑在一起唱。玩友班也不像专业剧团那样演员众多，角色齐全，有的一人兼唱几个角色，司鼓还兼领腔，旦角一般由男人演唱，虽然是业余的，不少人的歌喉还是清脆回润的，唱得也十分动听，很有感情。在茶馆里听玩友，虽然看不见戏中人物的扮像、身段以及舞台演员那一招一式的表演，但是那须生浑厚的唱腔，那小旦悠扬的声调，还有那热烈的锣鼓声，也使人大饱耳福，仿佛观看了一场精彩的演唱会。当然比起名歌星的演唱，其档次要低了，相比之下，似乎有点“下里巴人”，不过更觉乡音亲切，另有一番情趣，真可谓民俗文化。四川茶馆文化，不仅有唱玩友这一种形式，还有唱四川清音的，说禅书的，打金钱板的，打慈梆梆的等多种形式。如今形式又有增多，有音乐茶座，有录像，有麻朴……不过唱玩友还是受到大众普遍欢迎的。

（四）广东茶馆

我国是茶叶的故乡，而广州是海上茶叶之路的起点，当今世界茶叶产量最大的印度，也是 18 世纪从广州运去茶籽后才开始种植的。广州饮茶风气盛行，广州人不分春夏秋冬，每天从四点多钟起，就陆续守候在茶馆门前等待开门。全市几百家茶馆，向来座无虚席，熙熙攘攘的，直闹到茶馆关门。广州人为什么喜欢上茶楼？这里有一个古代传说：广州古属南越。据说南越王赵佗很喜欢喝茶，但是他喜欢每天早晨带一帮僚属们到临江的小楼上边煮边饮。有一次，当赵佗饮得兴趣正浓的时候，走向小楼的晒台凭栏远眺，只见浩瀚的珠江在朝阳的辉映下，波光闪闪，有如万千珍珠在江面上闪耀；千帆竞渡，恰似万马奔腾。此时赵佗胸中也如涌起万顷波涛，激奋异常，转身从侍从手中的竹篮里抓起一把鲜灵滴翠的茶叶撒向江心，突然，片片茶叶变成无数的仙鹤在江面上飞翔，把美丽的珠江衬托得更加妖娆动人。不久，这群仙鹤又变成了仙女，袅袅地飘落到赵佗身旁，托着茶盘为赵佗歌舞、献茶。这个故事传开后，不知从何时开始，广州的居民们也天天清早来到茶楼煮茗酌饮，像仙鹤般婀娜的茶楼侍女们款款地向茶客们敬茶，如同传说中所说的,广州的茶楼兴盛起来了。

清代同治、光绪年间，广州的“二厘馆”茶馆已普遍存在。所谓“二厘馆”，是指当时在肉菜市场开设的简陋的茶馆，它以茶价低廉，只收二厘钱得名。这种茶馆一般只有几张桌子、几条凳子，供下层劳动人民休息、交流之用。它是大众化的茶馆，用广东石湾制的绿釉茶壶泡茶，同时供应芽菜粉、松糕、大包等价廉物美的大众化食品，这就是广州近代“吃早茶”的起源。

广州第一家像样的茶楼叫“三元楼”，地点在当时的商业中心十三行，时间是清朝光绪年间。这间茶楼门面为三层建筑，当时被称为“高楼”，装

饰得金光灿烂，内里家俱陈设都是酸枝木做的，高雅名贵。有了三元楼以后，大家才开始把茶室叫做茶楼，把饮茶称作“上高楼”。稍后一点，又有陶陶居、陆羽居、天然居、怡香居、福如楼等，因多有一个“居”字，所以广州人又把茶楼叫做茶居。这些茶楼，大都建筑豪华，铺陈富丽，浮雕彩门、镜屏字画、时花盆景布满厅堂，在当时的茶楼中都是堪称一流的。

广州人上茶楼十分考究，首先要求“茶规水滚”。所谓“茶规”，就是茶的品质要上乘，并能满足茶客的不同口味；所谓“水滚”，就是泡茶的水要“滚开”，特别是煮至刚冒气泡的“虾眼水”为最好，他们认为这样的茶水泡出的茶才能领略到茶的真味。而冲茶时，则要水壶悬空，让沸水飞泻入壶，这种冲茶方式，据说能使茶叶上下翻动，充分泡出味来。

在广州茶楼，你会发现个奇特的现象，那就是茶楼的服务员为茶客斟茶时，不为茶客揭茶壶盖冲水，如茶客要添水，必须自己动手打开壶盖，架在壶上，服务员一看见，就心领神会，过来取走茶壶并添上开水。这并非是广州茶楼的服务不佳，而是来源于当地的一个习俗。据说，在清末光绪年间，广州有一家入香楼，生意十分兴旺。城里的商贾巨头和纨绔子弟不但经常到这里品茶，而且还喜欢在茶楼斗鹌鹑，并下注赌博。当时，有一恶霸自恃与省抚台有亲属关系，经常仗势欺行，向汉人敲诈勒索。他见入香楼生意甚好，眼红心妒，就设计寻衅。一天，他到此饮茶时，偷偷将一只鹌鹑放在茶盅里，当跑堂来揭盅冲水时，鹌鹑突然飞出窗外，这个恶少便以跑堂的弄飞了他的鹌鹑为由，命其爪牙将跑堂的毒打了一顿，并向茶楼老板强索了一笔巨额赔款，才善罢甘休。消息一传十，十传百，传遍了各家茶楼。为了避免发生类似事件，他们互相通气，决定从此不再主动为茶客揭盖冲开水，此习俗便一直延续下来。

四、施茶活动

（一）路边茶亭施茶

我国古代建筑中的“亭”的建筑，有悠久的历史，早在秦汉时期，就有“十里一亭，十亭一乡”之说，而且长亭连短亭，以“亭”为邮驿进行管理，“亭”也成了人们旅途中歇脚的地方。在交通闭塞、交通工具缺乏的封建社会，人们主要以马车、双脚等为交通工具，行动特别迟缓，如果路途遥远，需要花很长的时间到达。为了便于人们中途休息、解渴，各地（特别是南方产茶地区）在主要商旅通途、交通要道建凉亭、茶亭、风雨亭。每当旅客到茶亭歇脚时，大汗淋漓，喉干舌燥，喝上一碗茶会感到心旷神怡，精神倍增。

关于茶亭的起源，众说不一，但至少有一千多年的历史了。据史料记载，早在五代之时，江西婺源有一位方姓阿婆，为人慈善，在赣浙边界浙岭的路亭设摊供茶，经年不辍，凡穷儒肩夫分文不取。她死后葬于岭上，人怀其德，堆石为冢，县志称该墓为“方婆冢”。方婆在浙岭茶亭烧茶礼客影响深远，有的乡人效仿其德，在茶亭中挂起“方婆遗风”的茶帘旗。茶亭的建筑风格一般以古朴大方为主，像前面提到的婺源茶亭那样华美的，还是较少的。

茶亭盛茶的器具都是大瓦缸或木桶，一次可盛水四五十斤。盛茶的容器内备有舀茶的工具，这些工具不像城市茶馆里那么讲究，而是因地制宜。山区一般用竹筒制作的勺子或木制的水瓢；丘陵地区一般将老北瓜一劈两半，去其瓜瓤，便成了瓜瓢。舀茶的工具上都拴有一根麻绳，麻绳的另一端吊有石头或木块，让其垂在缸

外，以防舀茶工具掉入缸内影响茶水卫生。喝茶的工具是大粗瓷碗或竹筒碗，也用麻绳系着吊在茶桶或茶缸边，防止掉在地上。茶亭供应的茶叶，一般都是粗老茶叶，是本地村姑自采自制的茶叶，具有“颜色碧而天然，口味醇而浓郁，水叶清而润厚”的特色。茶亭中的水，也是就地取材，有的是山泉水，也有的是溪涧源头水。所用茶叶虽差些，但泡出的茶并不难喝。来茶亭喝茶的人，可以说是各种各样，但主要是中下层，特别是出以卖劳动力为生的下层百姓，他们当然不可能是品茗，只是为了消暑解渴。

茶凉亭多为人们积功德而出资兴建，其茶水自然免费供应。至于茶凉亭的执行人，一般由公众挑选，他们有的吃住都在茶亭里。茶亭的执行人要为人正派，热情为公众服务，且讲究卫生，一般被人们称为茶老板。他们除砍柴、挑水、烧茶外，如遇婚丧大事，或结婚抬轿者经过，或抬死人路过，主人都要施礼。过路人发了急病或有特殊情况，茶老板一家也有义务尽职责予以帮助。当然，也有人为了谋生，于茶亭中卖茶。如庐山三宝树下的廊茶亭，是一座扇形、长廊状的大茶亭，内有木栏杆、石桌、石凳，供游人在亭间就坐休息。亭的周围有山民在这里用名泉沏的“庐山云雾茶”，卖给游客饮用。

茶亭如同茶馆一样，有丰富多彩的茶联文化，茶联往往写在楹柱、亭柱上。有的咏物，有的说理，有的劝勉。如福州南门外有一茶亭，柱联是这样写的：山好好，水好好；开门一笑无烦恼。来匆匆，去匆匆；饮茶几杯各西东。这副茶联一语道破了茶亭所处的位置——丛山野外，也道出了茶客为匆匆过客。在广东秀水县的五眼桥通往路边的一座茶亭石柱上，镌刻着一副对联，从另一个角度解说了茶亭的特点：不费一文钱，过客莫嫌茶叶淡。且停双脚履，劝君休说路途长。茶亭的茶联也有很多为当时的名人所撰，博大精深。如英山陶家坊茶凉亭楹联云：三楚远来肩且息，六安前去味先尝。这副茶联相传为清末宦官、名儒李仕彬所撰。

茶亭的粗茶大碗为人解渴的古朴民风是中华茶文化的重要内容之一，反映了中华民族乐善好施的美德，一直为人们所称赞、怀念。有一位学者曾这样写道："日行上百里，累坏腰和眼。夜里挑脚泡，清晨又跛起。交通闭塞味，学人时忆起。幸有茶凉亭，茶水随你喝。亭里歇阴凉，称心又快意。饮水细思源，慈善好集体。"纯朴独特的建筑、乐施好善的民风，使中国茶亭名气远扬。德国普鲁士国王腓特烈大帝曾在他的避暑行宫——波茨坦的桑苏西宫（又名无忧宫）里，建造了一座"中国茶亭"，这个茶亭整个建筑呈圆形，双层波顶，廊柱回环，墙体是淡绿色，所有的门窗和廊柱都以金色装饰得金碧辉煌，远远望去，好像一座蒙古包。这个"茶亭"虽以亭名，实际上要比中国的"亭子"高大得多，也复杂得多，廊柱墙壁处，镂刻着精细的纹饰和浮雕。最有意思的是环绕着圆形茶室，竖立着十余尊与真人一般大小的人像雕塑，一个个穿着阔袖长袍，带着奇形怪状的冠冕，手中还分别拿着各种东方的乐器，有锣、古筝、琵琶等。最奇特的是这些人的长相，全都是高鼻凹目的洋人模样，其中一个人还戴着清朝官帽，吹着一支既像唢呐又像单簧管的乐器，真是中西合璧。在茶亭外边的空地上，还摆着一尊中国大香炉，上面刻着"大清雍正元年"。

今天，在我国各地，仍然可以寻觅到茶亭的踪影。如在南京栖霞寺后，筑有一水泥红柱四角亭，它就是供游客歇脚解渴之用的。在浙江温州永嘉县岩头镇南北各有一个建于南宋年

间的古凉亭，每年的端午节至重阳节期间，当地村民们义务在凉亭里烧水泡茶免费供路人饮用，这种纯朴的民风流传至今，在浙南地区传为佳话。即使在大家都忙于致富的今天，当地村民仍把轮流烧水供茶的“接待日”看做是家中的一件大事。有的人抄下“值日日期”压在玻璃板下，有的外出村民干脆抄下来像身份证一样随身携带，从未有人忘记供茶这一义务。轮到烧茶的村民，凌晨五点就来凉亭烧茶，自备茶叶，有的还带来白糖用以泡茶。

（二）寺庙茶堂施茶

佛教主张放经、律、论三藏，修持戒、定、慧三学，以断除烦恼得道成佛为最终目的。它讲究轮回，认为善有善报、恶有恶报，只有一心为善，死后才能成佛。施茶这种简单易行的结善缘方式便被僧人们所普遍接受。

在寺庙里，专门设“茶堂”“茶寮”作为以茶礼宾的场所，配有“茶头”僧，专事烧水煮茶，以备献茶待客；有“施茶”僧专为游人香客惠施茶水；有名僧著茶书、写茶文、作茶诗。如唐代五台山接待香客的普通院，常设茶水用以供应朝圣的香客。寺庙还不定时地举行茶会，招待各方来宾，其规模大小不等。规模最大的恐怕要算西藏拉萨的寺院茶会，其熬茶水的器具是直径五尺、高约四尺的铜制茶釜。明末清初，在西藏的大喇嘛寺里举行过一次四千人参加的茶会，据

说，曾有一个小喇嘛在茶釜里舀茶，疲劳至极，掉到茶釜里淹死了。

除了在寺庙内施茶外，僧人们还各处施茶。如在城乡人烟稠密的闹市区，不少僧人在集市上广设摊点施茶，作为修缘行善的途径。在潮州龙溪至今留有两处古迹：施茶庵、赐茶庵。《庵埠志·宗教篇》记载，明代僧人成安佩常在赐茶庵处施茶，住许垅的庄典未得志时常到此品饮。弘治年间，庄典登进士，成安佩已去世，庄典于是建赐茶庵以纪念他。

各地的茶庵也是僧人施茶的主要场所之一。在云南大理地区，据《徐霞客游记》记载，也有许多茶庵，它们多建在山上，远离村寨，与寺庙相隔不远。茶庵较简陋，一般为茅屋三间，多为僧人所建，也有的是地方官、名儒等人修建。僧人们在这些茶庵里煮茶水，为上山朝拜的香客、游人提供方便。一直到今天，当夏季来临时，南昌的佑民寺、南海行宫等寺院，僧人们常常在门前为过往行人提供各种茶水，有红茶、香片茶、神典茶、午时茶等，统称“功德茶”。

（三）庙会茶棚施茶

关于庙会，朱越利先生有一个较完整的解释，他说：“庙会是我国传统的民众节日形式之一。它是由宗教节日的宗教活动引起并包括这些内容在内的在寺庙内或其附近举行酬神、娱神、求神、娱乐、游冶、集市等活动的群众集会。被引起的活动可能只有一项，也可能有两项或多项。”可见，在庙会期间，人山人海，热闹非凡，一些方便香客、商人、游客的设施也应运而生，这里面也包括提供茶水的茶棚。

茶棚主要设在进出庙会的道路两旁及庙会所在地，建筑一般很简陋，多用苫苇、帆布或茅草等结扎而成的圆筒形建筑。大多数茶棚都是倚门设灶，灶上置锅，旁边放一些食物。个别茶棚把灶搭在棚外，其上置长嘴高柄的大茶汤壶，供应

开水。另外一种茶棚是凉棚式的，里面摆着几条长凳，几张长桌，供过往行人歇脚品茶。在茶棚里，除了免费供应茶之外，还有各种茶汤提供，用开水一冲即可食，如油面茶、米面茶、豆面茶等等。茶食主要以粥为主，有黄米粥、玉米粥、豆汁粥等。一些老字号招牌的茶社饭棚，还提供菜肴糕点，可在此设宴酬宾。

庙会一般时间较长，最短的也有几天。为了方便大家住宿，每年开庙之日，除了部分庙堂可暂供香客住宿休息外，各茶棚也是香客们主要的食宿场所。接受各茶会、茶棚施茶的，主要是一些乡民百姓，也有一些官吏、侍从。由于庙会是定期举行的，所以庙会的施茶活动也因时而行。

五、茶馆的现代发展

茶是从药饮开始进入人们的生活的，在唐代，茶已从药饮、解渴而进入品饮。嗜茶的僧侣和文士很早就开始钻研烹茶的技艺，他们互相切磋交流，逐渐摸索总结出一套有程序的烹茶、煎茶的方法。盛唐以后，陆续出现了崔国浦、刘伯当、释皎然、李约、陆羽、蒯白齐、顾况、卢仝、皮日休等一大批精谙茶术的专家。他们开始只是烹茶待客，相互交流时一显身手，而陆羽由于“茶术尤著”，最终成为朝野闻名的茶术表演家，他随身携带一套茶具出入王公大臣的府第，在一些重要场合当众表演。陆羽还曾在代宗、德宗朝时两度赴京师为皇帝和达官显贵表演茶术。至唐末，刘贞亮写了一篇《茶十德》的文章，把陆羽《茶经》中关于“精行俭德”加以引申，从而把茶文化上升到精神世界和美学角度。

宋代，“斗茶”已成为民间百姓竞技于品饮的方式，也是当时茶叶品评的最高形式。斗茶决定胜负的标准，按蔡襄《茶录》中指出：“视其面色鲜白，着盏无水痕为绝佳。建安斗试，以水痕先者为负，耐久者为胜。”总之，主要是看两点：一是“汤色”，以纯白如乳为上。这样的汤色表明茶质鲜嫩，制作精良。二是“汤花”，这是指汤面泛起的泡沫（花沫）。汤花泛起后，要看茶盏内沿水的痕迹出现得早晚，如果茶末研碾细腻，点汤、搅动都恰到好处，汤花匀细，就会紧咬盏沿，而且久聚不散，这种效果叫做“咬盏”。汤花散退较快，随点随散的叫做“云脚涣散”。汤花散退后，茶盏内沿与汤相接处就会呇出“水痕”，也称“水脚”。斗茶胜负的关键就在于所用的茶质、水质、茶具以及斗茶

人能否掌握好“点茶”“点汤”“击拂”三项技艺。

明清时期，茶事更盛，各地呈现出异彩纷呈的茶艺文化。如闽南、粤东的“功夫茶”，“杯小如胡桃，壶小如香橼。每斟无一两，上口不忍遽咽，先嗅其香，再试其味，徐徐咀嚼而体贴之。果然清香扑鼻，舌有余甘。一杯之后，再试一二杯，令人释燥平矜，怡情悦性”。

茶馆到现代，逐渐发展成为茶道馆、茶艺馆。现代茶艺除了保留了以前茶艺自然、朴素的本性外，还更趋向科学化、艺术化，成为集美学、文学、哲学于一体的精致文化。

茶道馆，是当代茶馆的一种新形式。顾名思义，茶道馆是以研究、体现和弘扬、传播中国茶道精神为主，经营服务为辅之场所。“研究”与“弘扬”是茶道馆的灵魂。因此，茶道馆更需要科学的研究方法和实证方法，以形成“视界的融合”，才有可能搭建起良好的中国茶道结构与完美的体系，亦即茶道哲学，实现茶史的真实和逻辑的合理统一。显然，茶在这里，已超越了自身固有的物质属性，为人类的文明形态提供了长久的发展动力和有效的协调机制。茶道精神应该通过茶道馆积极地参与到现实生活中去，并成为大家公认的准则。在当代，茶道哲学的首要功能是为中国茶文化发展提供核心的文化理念——和本位。和本位的体制应该真正建立起来，客观实际要求现代茶道馆务必拥有高水平的顾问团、茶艺团、制茶师、壶艺师、经济师和培训师资队伍。

所谓茶艺，就是茶的品饮艺术，讲究茶叶品质、冲泡方法、茶具玩赏、场面陈设、敬茶礼节、品饮情趣以及精神陶冶等。现代茶艺主要有两种表现形式，一种是作为表演的茶艺，另一种是生活的茶艺。作为表演的茶艺，它是艺术的，具有较强的观赏性。茶艺表演者通过泡茶、喝茶过程与器皿、环境等，加上适当的音乐、服饰，创造出一种素朴、典雅的意境，使观赏者与表演者产生一种心灵

的默契，共同走进那诗的韵律、散文般的意境中。表演者和观赏者同时得到高雅的精神享受。生活的茶艺随处可见，如客来敬茶（包括白族三道茶、畲族婚礼茶、彝族的烤茶等）、茶话会、诗会等。茶艺是生活内涵改善的实质表现，在现代经济大潮中，更能给人以高尚的精神享受，所以，当它重新被人提出，并加以宣传后，立即得到许多人的好评，以展现茶艺、宣传茶艺为主要目的的茶艺馆应运而生。

茶艺馆首先出现在中国台湾省。20 世纪 70 年代后期，台湾省在文学上发生了回归乡土运动，此运动深深地影响了台湾居民的生活。他们一改一味崇洋的生活习惯，开始对中国传统生活习惯产生浓厚的兴趣。在这种形势下，70 年代末、80 年代初，品茶风尚大兴，在都市中以惊人的速度流行起了现代茶馆——茶艺馆，它将品茶艺术及相关茶文化推向一个新的高度。20 世纪 90 年代，这个风潮也影响了中国大陆茶文化的复苏，很快在各地出现了不同规模的茶艺馆。近几年来，许多广东人一改大饮大啜的风格，转向慢斟细品，追求品茗的美妙境界。茶艺馆已成为都市的一大特别景观和都市居民休闲的又一高雅场所。

从茶馆到茶道馆、茶艺馆，这是一种茶文化的演进，也是一个把茶饮日渐推向生活，再从生活融进文化艺术审美的精神领域的过程，这可以从茶艺馆的特点得知。纵观各地茶艺馆，一般有以下几个特点：首先，茶艺馆也以品茗为主，也结合民族饮食文化，但特别强调文化气氛，不单在外表装潢，更注重内在文化韵味。设置名家字画，陈列民俗工艺品、古玩、精品茶具和珍贵茶叶，并提供完整的茶艺知识。茶馆服务也注重文化色彩，讲究茶法。其次，茶艺馆除了洽谈公事、以茶会友等社会性功能外，特别强调形成一个着重精神层面的小型文化交流中心，开拓和丰富了人们精神生活层面的内容。

在茶道馆、茶艺馆里品茶，你既看不到北方茶馆的吃喝阵阵，也听不到南方茶楼的喧闹声声，更看不见宴席上常见的那种猜拳行令、觥筹交错的劝酒场面，一切都在安详、平和、轻松、优雅的气氛之中，茶客如同进入了大自然中，感到全身轻松、惬意。所以茶艺馆一出现，就得到了众多茶客的赞赏。茶艺馆摒弃了陈旧落后的东西，充实了社会需要的新内容，使茶馆的文化精神内涵更为丰富，其活力也更强了，体现了社会文化生活上的巨大变化，这既是一种趋势，又是人类社会文明进步的表现。因此，这是历史文化的积淀，是艺术的展示，是追求丰富精神生活的反映，也是茶文化史上重要的里程碑。

一座茶馆，便是一个小社会，它是中国文化的窗口。

浩如烟海的唐诗，吟咏饮茶的诗歌，比比皆是。“诗仙”李白，用现实主义与浪漫主义相结合的手法，在《答族侄僧中孚赠玉泉寺仙人掌茶并序》中说饮茶“能还童、振枯、扶人寿也”。现实主义大诗人白居易一生嗜茶，写有几十篇饮茶诗，诗中写道：“琴里知闻唯渌水，茶中故旧是蒙山（四川蒙山茶是著名贡品）。穷通行止长相伴，谁道吾今无往返。”表明听琴、饮茶是他一生修养道德情操的伴物。大书法家颜真卿写有“冷花邀坐客，代饮引清言”，这显然是为茶馆写的对联了。

茶馆文化是茶文化的重要组成部分，也是社会文明的重要内容之一。

茶馆文化可端正人的思想与行为，强化道德自律，提高人们思想道德素养。茶叶是大自然赐给人类的健康食品，不仅香气袭人，滋味醇厚，还含有多种有益人体的营养成分，长期饮用可静心养气，修身养性，提神醒目，对人们的健康大有裨益。陆羽《茶经》中写道：“茶之为饮，最为精行俭德之人。”唐朝刘贞亮对饮茶的

好处概括了“十德”：以茶散郁气，以茶驱睡气，以茶养生气，以茶除病气，以茶利礼仁；以茶表敬意，以茶尝滋味，以茶养身体，以茶可行道，以茶可雅志。可见古人不仅把饮茶作为养生之术，而且也作为修身之道了。

茶馆文化，可以领悟和品味人生真谛，茶味先苦涩而后回甘，恰如人生之旅程。人生如茶，有淡淡的愁苦，也有咀嚼不尽的温馨。茶味之苦涩回甘，启示人们把苦涩吞在心里，将浓郁的清香与甘甜贡献给人间，以乐观向上、无私奉献的高尚情操去创造甜蜜生活。茶馆文化推动着社会文明的发展与进步。清茶一杯，是古代清官的廉政之举，也是现代提倡精神文明的高尚表现。

中国的茶馆文化历史悠久，源远流长，深受全世界人民的喜爱。

早在清朝，就有华人到国外开茶馆。如王韬《漫游随录图记》中记载，曾在巴黎见到一家宁波人开的茶馆，馆主依然穿着华服，保持中国的传统文化。他在另一书《扶桑游记》中又描述在日本的茶馆，茶馆中的茶具，都制作得十分精雅，如同粤之潮州、闽之泉漳的茶具，而茶馆的服务则是日本式的，可谓中外合璧。

纵观当今的茶馆，大致可分为五种形式:一是历史悠久的老茶馆，多保存旧时的风格，乡土气息浓厚，是普通百姓特别是老年人休憩、安度晚年的天地。二是近年来新建的茶室，通常采用现代建筑，四周辅以假山、喷泉、花草、树木，室内陈有鲜花字画，除供茶水外，还兼营茶食，可谓是一种高雅的多功能的饮食、休息场所，适合高层次的茶客光顾。三是设在交通要道、车船码头、旅游景点等处的流动性茶摊，虽谈不上有什么设施，主要为行人解渴，但也受到人们的欢迎。四是露天茶座、棋园茶座和音乐茶座，这类茶座，坐的是软垫靠椅，摆的是玻璃面小桌，用的是细瓷玻璃茶杯，品的是茶中极品，这种供品茗约会、切磋技艺、休息娱乐的地方，特别受到青年人的欢迎。五是由台湾省

传入的茶艺馆，主要是文化界、茶业界等人士品茗、切磋茶艺、宣传茶文化的场所。这种茶馆一般环境优雅，讲究茶叶、茶具、茶水、茶道。

一座茶馆，就是民间议论纵横之地，消息荟萃的中心，是社会的一个缩影。

进茶馆的人，既有文人墨客，也有普通百姓，三教九流，汇集一堂。古今中外，天南海北，乡村逸事，城市趣闻，说书传艺，世事变迁，人间悲欢，人人都可敞开心扉，无拘无束。在品香茗、尝佳肴的美好享受中得到沟通，气氛十分热闹，十分融和，人们可以获得书本上学不到的知识。这是何等的乐事！老舍笔下的茶馆虽然已经衰败，但茶馆本身却并未随着封建社会一起消失，而是以自身的改进跟上时代，适应时代变化，使今天的我们仍能在饭膳工作之余，泡上一壶清茶，领略个中的情趣。可以相信，中国民俗文化的窗口——茶馆，必将前程似锦。